汽车业国际化分析与山东融入“一带一路”对策研究

陈积志　著

人民交通出版社股份有限公司
China Communications Press Co.,Ltd.

内 容 提 要

本书以汽车业国际化竞争分析和山东融入“一带一路”建设对策作为研究对象，在分析和评价发达国家汽车业国际化的发展历程、动因和发展趋势的基础上，比较分析了发达国家汽车业国际化模式和国际化进程特征及启示，同时分析了我国汽车业实施国际化战略的内外部环境因素，对我国汽车业实施国际化竞争提供对策和借鉴。另外，从经济学、交通经济学、管理学的研究视角出发，利用定性研究和定量分析等研究方法，为山东省融入“一带一路”战略的发展提供思路和建设对策。

本书可供交通、汽车、物流等行业从业人员参考使用。

图书在版编目(CIP)数据

汽车业国际化分析与山东融入“一带一路”对策研究/陈积志著. —北京：人民交通出版社股份有限公司，2016.11

ISBN 978-7-114-13458-6

Ⅰ.①汽… Ⅱ.①陈… Ⅲ.①汽车工业—国际化—研究—山东 Ⅳ.①F426.471

中国版本图书馆 CIP 数据核字(2016)第 273118 号

书　　名：汽车业国际化分析与山东融入“一带一路”对策研究
著 作 者：陈积志
责任编辑：夏　韡
出版发行：人民交通出版社股份有限公司
地　　址：(100011)北京市朝阳区安定门外外馆斜街 3 号
网　　址：http://www.ccpress.com.cn
销售电话：(010)59757973
总 经 销：人民交通出版社股份有限公司发行部
经　　销：各地新华书店
印　　刷：化学工业出版社印刷厂
开　　本：720×960　1/16
印　　张：10.75
字　　数：194 千
版　　次：2016 年 11 月　第 1 版
印　　次：2016 年 11 月　第 1 次印刷
书　　号：ISBN 978-7-114-13458-6
定　　价：29.00 元
(有印刷、装订质量问题的图书由本公司负责调换)

◆ 山东省2016年度社科规划《山东融入“一带一路”建设对策研究》资助项目

◆ 山东省济南市2016年度软科学项目《“一带一路”战略中山东济南交通物流中心创新平台建设研究》资助项目

◆ 山东交通学院博士科研启动基金《互联互通背景下我国汽车业国际化竞争策略及实证分析》研究资助项目

◆ 山东交通学院2014年度科研基金(编号:R201413)项目

前言

当今世界正发生复杂深刻的变化，国际金融危机深层次影响持续显现，世界经济缓慢复苏、发展分化，国际投资贸易格局和多边投资贸易规则酝酿深刻调整，各国面临的发展问题依然严峻。秉持开放的区域合作精神，致力于维护全球自由贸易体系和开放型世界经济，我国决定实施“一带一路”战略，从习近平主席在布里斯班G20峰会上发表讲话，支持设立“全球基础设施中心”，支持世行成立“全球基础设施基金”，并通过“一带一路”、亚投行、丝路基金等途径，为全球基础设施特别是交通物流中心建设作出新的贡献，高铁、高速公路等基础设施的快速发展，使陆路国家的发展获得一个新的可能性。中国提出“一带一路”战略构想，具有包容性的发展理念，使得我国内陆地区也可以通过互联互通，搭上全球化的快车，“一带一路”将带动整个欧亚大陆大市场的建设。

基于以上分析，如何充分利用国内国外两个市场、两种资源，实施国际化拓展国际市场发展空间，促进汽车产业结构调整优化升级，提升我国汽车产业国际竞争力是本书的研究主题，并在此基础上力求全面、客观地界定山东作为我国重要的经济大省、对外经贸大省、海洋经济大省，应抓住“一带一路”重大机遇，积极融入“一带一路”建设，扩大与沿线国家之间的双向贸易、双向投资、次区域合作以及人文交流合作，以提升经济国际化水平、推进经济强省建设。本书结合笔者主持的同题山东省社科规划项目开展相关研究，选择汽车业国际化竞争分析和山东融入“一带一路”建设对策作为研究对象，从经济学、交通经济学、管理学的研究视角出发，利用定性研究和定量分析、综合梳理与归纳论证等相关研究方法，试图从历史的、发展的角度梳理、提炼国际化、“一带一路”战略带来的发展机遇和山东省融入“一带一路”战略的发展思路和建设对策。

本书主要内容包括以下几个方面：

第一，在分析和评价发达国家汽车业国际化的发展历程、动因和发展趋势基础上,比较分析发达国家汽车业国际化模式和国际化进程特征及启示。

第二,分析了我国汽车业实施国际化战略的内外部环境因素,对我国汽车业实施国际化战略的动因与必要性进行分析。

第三,探讨了我国汽车业国际化竞争力不足的现状与原因,分析了我国汽车业国际化竞争力的潜力,建立了我国汽车业国际化竞争力评价指标与 AHP 模型。该模型分析了国际化竞争力的各个构成要素并对其重要性进行了排序,为评价我国汽车业国际化竞争力提供了具有可操作性的量化方法。在对我国汽车业国际化竞争策略分析中,借助 Bertrand 双寡头博弈模型,得出了汽车业国际化竞争的结果及其对策;在对我国汽车业兼并收购策略分析中,借助 Cournot 竞争模型,从理论上证明了,只有为获得更多垄断势力而合并的企业才可能会盈利,且追求规模收益是汽车业合并的动机之一。

第四,分析了我国汽车业实施国际化战略面临的机遇、挑战和主要风险及防范措施,提出我国汽车业实施国际化的对策建议。

第五,在分析"一带一路"战略和汽车业参与国际化竞争的背景下,提出结合山东融入"一带一路"战略中的对策和推进思路,积极培育山东参与国际合作竞争的新优势,把山东打造成为区域性国际交通物流枢纽、"一带一路"经贸合作高地、国家海洋经济对外合作示范区、全国东中西部联动开放发展的重要引擎。

本书除了有其理论和现实意义,也在一定层面上进行了积极的创新尝试和纵深研究,但是由于受制于主观上的能力局限和客观上的条件约束,研究局限还是存在的。汽车业国际化将体现出新的发展特点和演变规律,需要进一步深入研究和探索。在"一带一路"战略和交通行业参与国际化竞争的背景下,进一步深入研究山东融入"一带一路"战略中的对策和推进思路,借鉴科学的理论模型,研究积极培育山东参与国际合作竞争的新思路、新方法,把山东打造成为区域性国际交通物流枢纽、"一带一路"经贸合作高地、国家海洋经济对外合作示范区、全国东中西部联动开放发展重要引擎仍需进行持续探索。

由于作者水平所限,书中肯定存在诸多错误和不足之处,祈盼学术前辈及同仁不吝指正!

陈积志

2016 年 9 月

目录

第1章 国内外研究述评及理论综述

2013年9月和10月，习近平总书记在出访中亚和东南亚国家期间，先后提出共建“丝绸之路经济带”和“21世纪海上丝绸之路”的重大倡议。2014年11月，习近平主席在布里斯班G20峰会上发表讲话，中国支持设立“全球基础设施中心”，支持世界银行成立“全球基础设施基金”，并通过“一带一路”建设、亚洲基础设施投资银行、丝路基金等途径，为全球基础设施投资做贡献。从丝路基金到基础设施基金，从《亚太经合组织互联互通蓝图》到全球基础设施中心，从APEC到G20，基础设施都是最受关注的话题。基础设施，对全球经济复苏有极大拉动作用；互联互通，不仅是亚太梦，也是全球梦。自从欧洲经济走向海洋经济以后，世界格局就变成了以欧洲为中心。中国经过多年的追赶，作为大国正在崛起。高速铁路、高速公路等基础设施的快速发展，使陆路国家的发展获得一个新的可能性。以前的全球化都是沿海地区，中国现在提出“一带一路”，具有包容性的发展理念，是包容性的全球化，不仅是海洋国家，内陆地区也可以通过互联互通，搭上全球化的快车。“一带一路”将带动整个欧亚大陆大市场的建设。

陆上的丝绸之路经济带开启了欧亚大陆互联互通，2014年北京APEC会议又开启了亚太互联互通的亚太梦，互联互通是中国梦与亚太梦连接的纽带。加强互联互通伙伴关系对话会召开后不久，北京APEC会议又批准了《亚太经合组织互联互通蓝图》这一里程碑式文件，决心在2025年前实现加强硬件、软件和人员交流互联互通的远景目标，并完成共同确立的具体指标——构建全方位、多层次的复合型亚太互联互通网络。

习近平主席在讲话中提出深化“一带一路”合作的五点建议，提出了互联互通的重点方向，勾勒了基本框架，明确了突破点，还强调要以人文交流为纽带，夯实亚洲互联互通的社会根基。基于以上分析，本书力求全面、客观地界定我国汽车业的国际化竞争，以便更有针对性地展开分析和研究。

发达国家的交通物流中心无论从数量上还是经营规模上都是国际直接投资的主体。20世纪90年代以后，来自发展中国家的交通物流中心逐步发展起来，作为后发展型交通物流城市，它们在竞争优势和行为特点上与前者有明显的不同，于是用于解释发展中国家跨交通物流中心行为的理论应运而生。汽车业对经济增长具有巨大的推动作用，在互联互通背景下研究汽车业对经济增长的作用是目前研究的重点和热点，也是难点和亮点之一。

我国加入世界贸易组织（WTO）以后，随着改革开放程度的不断加深，"国内市场国际化，国际市场国内化"的趋势越来越明显，国际国内市场竞争日趋激烈。如何充分利用国内外两个市场、两种资源，拓展我国具有比较优势的产品和技术的国际市场发展空间，学习国际先进技术和管理经验，有效实施"走出去"战略，促进产业结构调整和升级，提升国际竞争力等，是我国汽车业必须面对的课题。对今天许多企业来说，企业的国际化发展不是新鲜事，企业的国际竞争力和经营管理水平面临经济全球化和信息化的挑战。我国市场已经成为世界市场的有机组成部分，汽车业为了赢得国际竞争，必须采取国际化之路。

所谓企业国际化，是指在经济全球化和信息化条件下，企业积极参与世界分工体系，在全球化运营发展过程中所做出的竞争策略选择[1]。从宏观角度看，企业国际化竞争是指以培育国际竞争力和竞争优势为目标，通过国家的产业政策、制度创新、技术创新、品牌创新以及人才培养来融入全球化的过程[2]。从微观角度看，企业国际化竞争是指国外市场进入方式、竞争策略等国际市场竞争合作过程。

1.1 研究背景

1.1.1 全球及区域经济呈现一体化趋势

各国、各地区的经济，由彼此孤立与阻隔走向相互联系与依赖，这是生产社会化发展的客观要求，是经济发展的必然规律和长期趋势，经济全球化已成为当今世界经济发展的主旋律。全球化的核心是资源配置的全球化和市场的一体化，它有力地推动着全球经济合作和贸易的深化[3]。区域经济一体化是在经济全球化基础上形成的，是全球化在区域发展中的必然表现和组成部分，与全球化并存、相互促进。当前，区域经济一体化越来越成为一种突出的趋势和现象。从世界范围看，一方面，已存在的欧盟、北美自由贸易区还在不断拓展其范围；另一方面，许多新的区域一体化组织正在孕育，如东盟十国自由贸易区、东盟与澳大利亚、新西兰自由贸易区和拉美国家自由贸易区等[4]。可见，区域经济一体化在世界经济发展中的地位越来越显著，已成为经济全球化进程中的重要力量[5]。

1）全球经济一体化现状

全球经济一体化意味着全球经济处于一体化的环境中，主要有两个方面：一是生产要素国际流动的障碍消除；二是生产要素价格的一体化。经济一体化有其历史发展过程，伴随着这个发展过程，一系列多边的或者是全球的各类经济组织相互促进，在组织体现上主要有以下几个：WTO 世界贸易组织、世界银行、国际货币基金组织，以及在这些组织框架下制定的一系列与贸易、投资、金融等相关的国际规则，后来发展到经济性的组织，比如亚洲经合组织（APEC）[6]。作为多边协议的补充，实际上近几年还产生了大量的双边协议，比如双边的投资协议，以及区域的自由贸易协定。这里最重要的就是和经济一体化相关的一些规则，它左右或影响着一体化环境下的全球经济的正常发展。

WTO 与此前关贸总协定最重要的区别是其涉及的领域由货物贸易延伸到服务贸易，因此，WTO 主要涉及货物、服务以及与贸易相关的知识产权方面的规则。作为 WTO 最主要的规则就是关于货物贸易领域，其中最核心的就是持续的关税礼让[7]。以中国为例，在加入世贸组织时，中国就做出了大幅度削减关税的承诺。中国的关税水平在改革开放初期，从 1993 年开始大幅度自主降低，到加入世贸组织之前的 2001 年，关税水平从 43.2% 降到 15.1%。加入世贸组织之后的 2002 年至今，关税水平已经降到 9.9%[8]。其中，汽车业的关税也做出了大幅度削减的承诺，从之前的乘用车、商用车、轿车 70% 的平均关税降到了 25%，这是我国在加入世贸组织时所做出的关税减让承诺。

世贸组织还有其他方面一些规则的制定，其中主要是对于与贸易相关的投资所做的协议。成员国要遵守加入世贸组织的议定书。如与贸易相关的投资措施，就对投资做了内容广泛的、相对比较严谨的规定，最主要的是国民待遇融合、透明度的融合等。简单地说，任何一项投资，不能说一定要限制其采购本国一定数量的产品，或者是采购某一国家一定数量的产品[9]。另外，不能限制它投资以后产品必须有多少数量出口，也不能限制它投资以后所用的外汇和所得到的外汇均衡等，这些都是世贸组织与贸易相关的投资协定的规定。以我国为例，在加入世贸组织的时候，中国按照承诺做出了取消贸易平衡的规定，也取消了当地产量要求以及出口业绩的要求。而在入世之前，中国在 20 世纪 90 年代初制定了一个与汽车国产化相关的关税政策，应该说这个政策在国家汽车工业发展的整个历程中发挥了非常重要的作用，但是这项规定确实与 WTO 中有关贸易的服务协定有不符合的地方。所以，中国政府在加入世贸组织以后的 2002 年就取消了这一规定。

另外，WTO 一个重要的规定是补贴与反补贴的规定。补贴大概可分为三类，一类是禁止性补贴。其中，最主要的就是对于出口的补贴。还有一类就是可申诉性补贴，这类补贴是可能对另一方造成利益的损害，或者是潜在的损害。第三类是不可申诉性补贴。实际上，不可申诉性补贴在世贸组织成立当初是一项临时性规定，在 2000 年到期之后再研究是否继续延续或者是否修订。但到目前为止，这项规定到期后并没有延期或者修订。所以,从理论上来说,目前,WTO的规则已不存在不可申诉补贴。

WTO与之前的关贸总协定还有一个比较重要的区别,就是其规则覆盖范围延伸到很多方面,并遵循了两个最基本的原则:国民待遇原则和透明度原则。当时,按照这两个服务贸易总协定,针对12个大类4种方式提出了市场准入的要求,这4种方式就是跨境交付、境外消费、商业存在以及自然人流动。在这四种方式当中,其实前三个和汽车产业发展是密切相关的。在加入世贸组织的时候,我国对这12大类当中11类的服务贸易市场开放做出了广泛而有深度的承诺,现在开放的程度在服务贸易领域甚至有些地方超过了发达国家。其中,与汽车业发展相关的就包括租赁、分销、零售、特许经营、消费信贷等。

作为一个很重要、至今还在WTO当中起重要作用的亚太经合组织,即常说的APEC,是在1989年正式成立的。亚太经合组织的性质是区域合作、经济合作论坛,是政府之间经济合作的一种机制。它另外一个非常鲜明的特点就是亚太经合组织所做的规定对其成员、经济体不具有约束性,这一点不像WTO。亚太经合组织主要是论坛,为亚太国家领导人、工商界的领袖提供一个交流经验、展望未来的平台。亚太经合组织的目标主要是推动区域的投资自由化,加强关税和非关税措施的合作与协调,通过降低关税和减少非关税壁垒来促进贸易自由化,具体措施是靠领导人宣言,每一届、每一年APEC领导人在非正式会议上都要发表一个宣言,对这一年度世界或者是亚太地区领导最关心的问题做出展望和梳理大家一致的看法。还有一个重要的内容,APEC要支持多边贸易组织,具体地说就是支持WTO新一轮的谈判尽快取得成果。这当中应该说亚太经合组织对贸易自由化发挥了很重要的作用,虽然它的各项声明、规定不具有约束力,但是它号召这些成员能够自觉推动这方面规定的方向。APEC今后一个很重要的内容就是单边行动计划,也即贸易投资单边自由化单边行动计划,贸易宣言专门规定了单边行动计划的目标。我国作为APEC重要的成员,一方面积极推动区域经济合作,另一方面积极主动地自觉实现自己单边的没有向对方提出要求的自由化。以玩具为例,我国很早就实现了贸易自由化,很早就实现了零关税[10],这个零关税并不是在加入世贸组织的时候做出的承诺,而是提交给APEC投资贸易自由化时所做出的自履约行为,因此,在没有加入世贸组织之前,我国的玩具贸易就已经实现了自由化。

多边贸易体制是自由化的必然结果,同时它还促进了多边贸易体制的不断发展,这其中有几条原则发挥了重要作用,最主要的就是国民待遇取消,减少消除贸易壁垒的原则,维护市场公平竞争的原则以及透明度的原则。这其中随着多边贸易的发展,与之相配合和补充的区域贸易自由化也在不断地发展,特别是WTO新一轮的多哈贸易谈判历经八年，至今还没有结束。在这种情况下，区域或者是双边的自由贸易协定方兴未艾。它最本质的就是区域或者是双边的自由贸易协定，就是要取消货物贸易关税、非关税，要扩大双边或者是区域之间的服务贸易市场上的准入，在投资方面为开放投资，包括一般的投资规则，各个行业市场准入的门槛以及投资各个环节当中的市场开放等。

另外，多边贸易体制很重要的是区域贸易发展。从目前来看，我国虽然起步比较晚，但进展较快。从2002年开始，我国和周边的国家，也就是和东盟首先开始了双边自由贸易谈判，现在这个贸易协议已经开始启动。之后，我国陆续签署了多项多边贸易协定：中国内地与（中国）香港更广泛的经济合作的协议、内地与（中国）澳门的自由贸易区、中国和智利、巴基斯坦、新西兰、新加坡等的自由贸易区。现在，新一轮谈判已取得成果：中国与意大利、澳大利亚自由贸易区，中国与冰岛自由贸易区，中国与挪威自由贸易区，中国与海湾六国的自由贸易区，中国与南非、中国与澳大利亚、中国与秘鲁自由贸易区，这些谈判正在进行当中，有些谈判已经进入到最后的阶段。在这期间，我国还与一些国家开展了双边自由贸易区的可行性研究，如韩国、瑞士、印度等。在双边投资协定方面，双边的自由协定是一个对开放资本市场、开放服务贸易很重要的规定，它主要是为了保证相互的投资及促进相互的投资。我国在1982年与瑞典签订了第一个双边投资保护协定。到目前为止，我国已经与112个国家签订了115个双边投资协定[11]。

显然，全球经济一体化为各个国家的经济发展提供了一个公平竞争的平台以及在此基础上的共同规则，可以说，全球经济已处于一体化的环境之中。

2）全球经济一体化趋势将会继续

当前，国际金融危机和世界经济衰退，给经济全球化的发展带来一些负面影响和阻力，但经济全球化、世界经济一体化趋势还将继续发展。未来几年经济全球化、全球经济的一体化仍将在曲折中发展，这种趋势的发展来自于以下基本影响。

第一，一些国家采取保护主义措施应对金融危机冲击，这遭到国际组织和其他国家的强烈反对，但遵守多边经贸规则和寻求国际经济合作仍是国际社会的主流，G20峰会也一再强调坚决反对贸易保护主义。因此，当前出现的保护主义倾向不可能从根本上改变全球经济一体化继续向前发展的趋势。

第二，20世纪90年代以来，经济全球化在生产、市场、贸易、投资、金融和科技等领域全面展开，世界各国经济在各个层面上相互渗透、相互交织并相互依存、相互融合，形成了全球经济一体化趋势。

第三，无论是发达国家还是发展中国家，都从参与经济全球化进程中不同程度地受益，随着金融危机的消失和经济的逐步复苏，推动贸易投资自由化和多边贸易体制建设,以及扩大市场开放和继续推动经济全球化进程是世界各国实现经济发展和繁荣的必然选择[12]。因此,全球经济一体化趋势不可逆转。

3)全球经济一体化会对汽车业产生影响

全球经济一体化会给汽车业带来巨大的机遇和挑战,现以我国汽车业的实际情况来加以分析。

首先,全球经济一体化能够促进汽车零部件关税以及非关税壁垒的降低,促进汽车贸易的发展。目前,世贸组织多哈谈判当中就有关于货物贸易关税减让或者是消除市场准入的关税减让公式,该公式是瑞士公式[13],瑞士公式的特点就是高关税减让幅度大,低关税减让幅度小,称为高税高减、低税低减。这个公式就像是电路当中电子并联的系数,规定了关税最高不会超过这个系数。多数国家认为这个系数对于发展中国家取 20、发达国家取 8 或 9 较为合理。通过多哈多轮谈判以后,发展中国家工业品关税就要低于 20%,发达国家的工业品关税要低于 9%或者是 8%。

WTO 中还有一个非常重要的领域,就是部门减让,它是工业领域关税的减让,是把工业分成若干个部门或者是若干个领域,在这个工业部门或者是工业领域当中,产品关税要大幅度降低到零,或者是接近于零,这是一个极度自由化的关税减让,是作为工业品谈判的补充。到目前为止,跟汽车业有关的是日本牵头提出的关于汽车领域的零关税。

这些将会给我国带来一定的影响,多边投资和双边的各种投资贸易自由化,可以促进汽车业的发展,促进它的国际化,促进各国的技术交融,也可以说是保护了市场,但是这也给我国汽车产业带来了压力和挑战[14]。首先,市场开放后我们准备得是否充足,汽车业是否能够应对来自各国竞争体的强有力竞争;其次,面临着纷繁复杂的国际市场环境,资产整合将进行得更加猛烈。

1.1.2 汽车业必须要应对全球经济一体化挑战

经济全球化的迅速发展以及信息技术的革新是 21 世纪世界竞争格局形成的两大主要原因。特别是加入 WTO 后,在面对经济全球化和信息化条件下,我国汽车业面临新的外部环境,使得企业不得不调整自身的发展战略,迎接以知识经济为基础、以跨国公司为主体的全球一体化竞争格局的挑战。

1)经济一体化的要求

国际化发展是我国汽车业融入全球一体化的必然要求。经济全球化和区域一体化的趋势要求汽车业必须成为国际化的企业。世界性的社会化大生产网络已经形成,传统的以自然资源、产品为基础的国际分工格局已被打破,世界各国经济已成为世界经济活动的一部分,我国汽车业实施国际化战略已经刻不容缓。

在全球经济一体化环境中,我国汽车业的经营环境发生了巨大变化,企业的全球竞争时代已经到来,企业国际化发展战略将是未来企业生存与发展的关键举措。虽然多数情况下,进入国际市场的动机是优化成本效率或增加市场机会和扩大业务领域,但是影响企业国际化的因素很多。在实施国际化战略时,企业应该考虑自身的使命(企业追求的是什么,长期的结果怎么样)、目标(完成使命的具体任务)和战略(完成目标的方法)。当前所讲的企业国际化战略,区别于20世纪六七十年代的地方在于:企业国际化战略是作为一个国家经济一体化战略的有机组成部分出现的,是经济全球化战略的具体实现路径和表现形式[15]。

全球经济一体化首先必须是市场的一体化,而市场一体化的实质是微观经济活动主体即企业的国际化。在全球经济一体化条件下,除世界各国经济成为世界分工体系的组成部分即世界统一大市场的一部分外,世界生产力发展还形成了"非制度性全球化"[16],即跨国公司的内部化市场,使各国经济融合为一个整体,以及各国政府为适应这种发展趋势而对各国之间的经济联系做出制度性安排,从而形成"制度性全球化"。汽车业所面对的不是要不要国际化的问题,而是如何成功实现国际化的问题。因为在经济全球化的背景下,无论企业的性质如何,总是要被卷入全球化的浪潮之中,或者受到全球化的影响。因此,汽车业必须要制定国际化战略。

2)技术创新和信息化发展的需要

技术对竞争本质的改变主要体现在以下方面[17]。

首先,技术革新的速度大大加快。在过去的20年间,由于技术革新和扩散速度的加快,使得产品生命周期大大缩短,那些能快速推出新产品和服务的公司更具有竞争优势。同时,由于技术的迅速扩散所造成的产品同质化趋势,使得进入市场的速度成为获取竞争优势的主要来源,而对以前是竞争优势的专利技术的保护却越来越难。

其次,在信息时代,信息技术成本的下降和获得信息的便利性,在21世纪的竞争格局中将随处可见。计算机在全球的普遍使用和全球的网络系统,大大加快了信息技术的发展和扩散速度,便捷、丰富和低廉的信息为企业创造了无限的战略机会,特别是电子商务在国际商务中的地位将不断提升,国际化企业必须掌握并有支配信息能力的战略措施。

再次,知识密集度不断地提高。知识(信息、智能、经验等)是技术及其应用的基础,经济一体化条件下,知识越来越成为战略优势的重要来源,我国汽车业必须适应国际竞争环境的变化所带来的各种需求和机遇,加快国际化知识的积累和国际化人才的储备和培训，这将成为其获取技术和信息以获得优于竞争对手竞争优势的关键。

3）我国汽车业的特殊条件

我国汽车业国际化与其他国家企业的国际化相比，是在两个特殊条件下进行的。

第一，我国目前处于过渡经济体制即由计划经济向市场经济转变过程中，政府和企业都面临着转变职能以适应市场经济要求的迫切任务，这使得我国汽车业面临着市场化和国际化的双重任务。一方面，一些国有汽车企业改革走到由经营权扩大到市场化的产权改革；另一方面，大量国外直接投资涌入，使我国汽车业在自己的本土面对国际竞争。因此，我国汽车业的国际化将有不同的特征和路径选择。

第二，我国是发展中国家，我国汽车业在进行国际化竞争时，在竞争优势、外国市场的进入模式和所有权方式等方面与发达国家企业，特别是跨国汽车公司的同一领域比，全球化战略有明显不同。这种特殊性决定了我国汽车业国际化，难以借鉴西方发达国家企业国际化的成功经验，也难以套用现成的有关企业国际化理论[18]。

我国汽车业在开拓国际市场时，除了企业自身的战略目标如何优化、如何降低成本服务国际市场、如何获得先进技术和国际管理经验等微观层面的必要性外，还有其宏观层面的必然性。实施国际化战略有助于更好地利用国外经济资源，实现国民经济的可持续发展[19]。我国虽然地大物博，但人口众多，实际上是一个自然资源相对紧缺的国家，石油、森林、橡胶、铁矿、铜矿等重要资源的人均拥有量远低于世界平均水平，资源需要大量、长期的进口，客观上要求我国汽车业需要积极利用两个市场和两种资源。

1.1.3 汽车业国际化竞争的机遇大于挑战

我国汽车业国际化竞争的机遇大于挑战，这是在全球汽车行业总体预测和我国汽车出口现状，以及当前的世界经济政治等研判之后所作出的分析判断。

1）全球汽车行业的总体分析

根据美国 IHS 公司的分析报告，全球汽车行业生产规模年均增长 7% 左右，2015 年已经达到 9600 万辆，如图 1-1 所示。

从行业集中度来看，老牌四国（美国、日本、德国、韩国）产量占全球汽车产量比重逐年减少，金砖四国（中国、巴西、印度、俄罗斯）产量占比逐年增加，世界汽车业生产重心正在逐渐向金砖四国等低成本的发展中国家和地区转移（图 1-2），在全球经济一体化环境中，我国汽车业国际化发展的前景广阔。

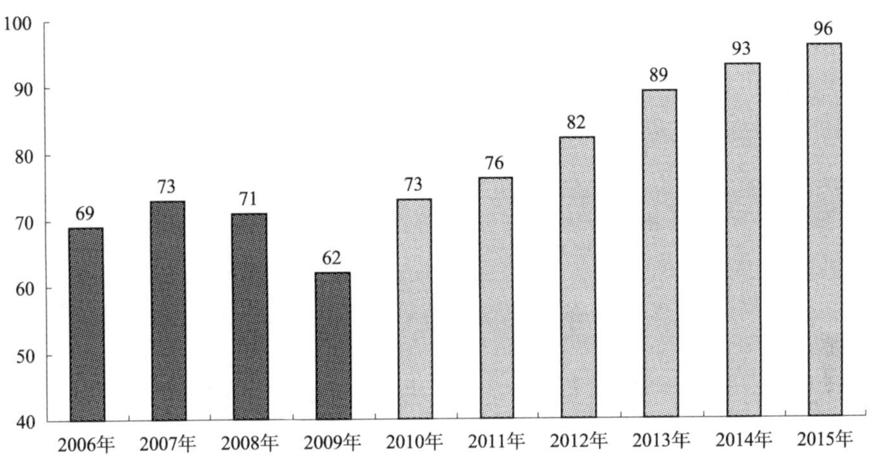

图 1-1 全球汽车行业生产规模数据

资料来源:美国 IHS 公司,单位:百万辆。

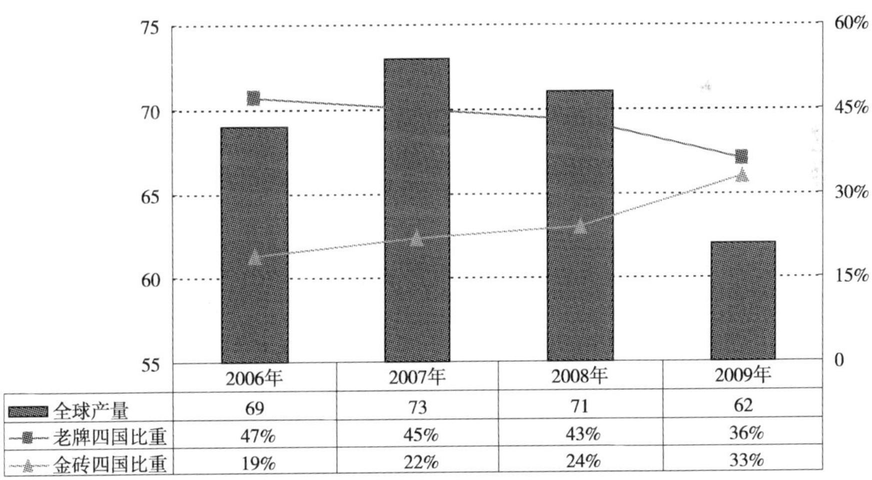

	2006年	2007年	2008年	2009年
全球产量	69	73	71	62
老牌四国比重	47%	45%	43%	36%
金砖四国比重	19%	22%	24%	33%

图 1-2 汽车产业向低成本国家转移

资料来源:世界汽车工业协会 OICA。单位:百万辆。

2)我国汽车业的出口现状

2008 年,我国整车出口量达到 68 万辆,同比增长 10.8%,之后受金融危机影响,2009 年出口仅 37 万辆,降幅达 45.6%。随着世界经济的复苏,2010 年实现出口 55 万辆,同比增长 48.6%[21],如图 1-3 所示。

目前我国汽车业出口的主要区域仍以亚洲、非洲、南美等发展中市场为主(图

1-4),未来我国汽车业将突破认证等限制,导入欧美主流汽车市场。

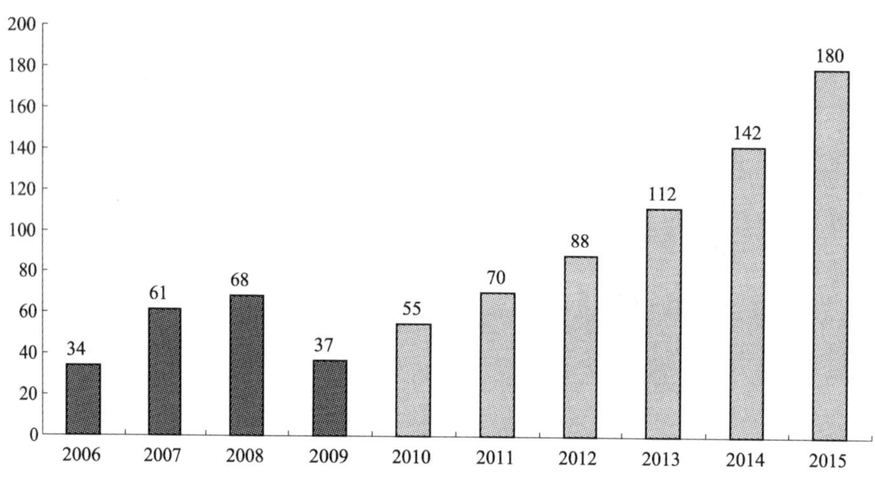

图 1-3　我国汽车业出口规模数据

资料来源:海关数据,单位:万辆。

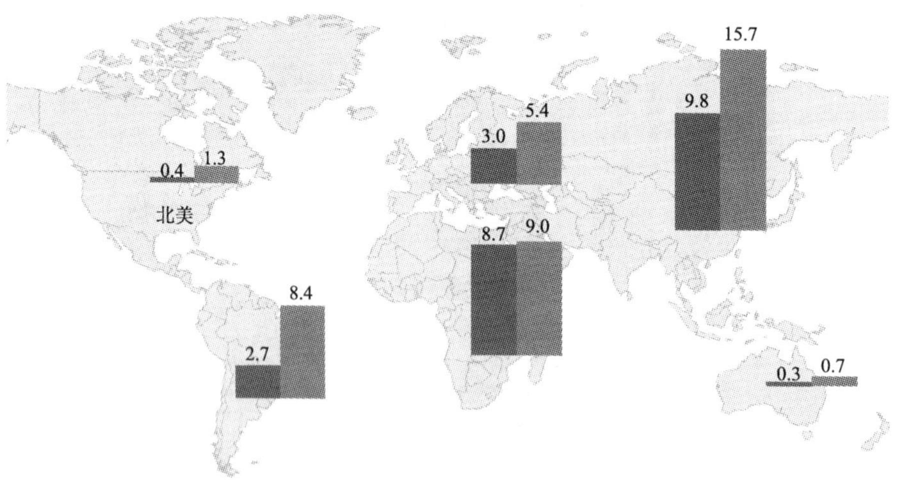

图 1-4　2010 年 1 ~ 9 月我国汽车业出口区域分布

资料来源:海关数据,单位:万辆。

虽然当前汇率波动、贸易摩擦、技术升级等新的不确定性因素在大大增多,严重阻碍了我国汽车业等产品的出口。但很显然,随着全球经济的逐步复苏,势必将拉动汽车业消费的平稳增长,以中国为代表的发展中国家汽车市场将得到快速发展。

1.1.4 我国汽车业国际化竞争带有较强的国内竞争压力

应该看到的是,当前我国汽车业的困境令人担忧。进入2011年以来,在跨国公司品牌产品的挤压下,企业销售状况普遍不太好,市场份额下降明显,企业经营困难,面临被边缘化甚至有消亡的趋势[20]。而在走出国门的国外市场,我国汽车业的国际化竞争存在诸多现实问题,一是对于对方区域的产品研发、市场分析和推广、产品竞争等需要投入大量的人力、物力和财力[21];二是在国外市场同样面临着国外甚至是国内同类汽车产品的竞争和冲击。

显然,对于困难重重的我国汽车业来说,对其进行国际化竞争的分析具有极大的现实意义。

1.2 本书研究问题及意义

1.2.1 本书研究对象

(1)我国"一带一路"战略的实施,是党中央在深刻分析国际国内政治经济形势的基础上做出的重大决策,对我国汽车业国际化竞争发展带来关键和重要的战略发展机遇。而我国早在"十一五"规划中也提出,"把增强自主创新能力作为科学技术发展的战略基点和调整产业结构、转变增长方式的中心环节"。"一带一路"战略的实施对我国各地实施交通物流中心创新平台建设发展将会带来至关重要的战略历史发展机遇。

(2)国家"一带一路"战略的实施,为我国交通行业发展带来前所未有的战略发展机遇,也是城市中企业生存和快速发展的关键。在"一带一路"战略中,为了提高自主创新能力,突破发达国家及其跨国公司的技术垄断,争取更为有利的贸易地位和竞争优势,山东省需有效利用山东区位优势和现有发展条件,结合国家实施"一带一路"重大发展战略机遇和"互联网+"的全面创新优势,积极地实施交通业研究,这是山东省融入"一带一路"战略的基本要求。

(3)与发达国家和发达地区相比,山东省的交通行业实力较弱,参与国际化竞争的时间较短、经验较少。山东省如何加快实施交通创新平台建设,参与经济全球化,拓展经济发展空间,充分行使我国在世界贸易组织中的权力,充分利用国际国内两个市场、两种资源,提高山东创新能力,在世界产业结构体系内培养和提高山东交通核心竞争力,是山东发展实施交通建设的重要标志。城市物流中心创新平台建设的发展应当是通过信息化技术的使用，有效地形成生产商、物流商和需求方的有机供应链关系，从而降低整个商务活动的物流成本和交易成本，并最终使产品的设计、生产更好地满足各方面的要求，实现我国城市特别是山东现代交通业的跨越式发展。

本书研究对象为中国汽车业。我国汽车业界很多老前辈，至今仍然为自己做过"红旗"轿车而倍感自豪，参与过"解放""东风"汽车制造的老同志也一直广受国人的尊敬。他们更多地代表了民族自信心和民族自豪感。

目前，我国汽车业困境令人担忧，既面临着国内市场外资以及合资产品的打压，又面临着国际化竞争的压力。显然，分析我国汽车业参与国际化竞争，具有极大的现实意义。

1.2.2 本书研究问题

(1)我国"一带一路"战略的实施，是党中央在深刻分析国际国内政治经济形势的基础上做出的重大决策，对我国汽车业国际化竞争发展带来关键和重要的战略发展机遇。

(2)为什么要实施国际化？国家"一带一路"战略的实施，为我国汽车业实施国际化竞争战略带来前所未有的发展机遇，而国际化能力是国家竞争力的核心，也是企业生存和快速发展的关键。在"一带一路"战略中，经济全球化是当代企业自主创新的主体。为了提高企业自主创新能力，突破发达国家及其跨国公司的技术垄断，争取更为有利的贸易地位和竞争优势，企业必须实施国际化竞争策略。

(3)与发达国家相比，我国汽车业实力较弱，参与国际化竞争的时间较短、经验较少。如何加快实施国际化竞争策略，参与经济全球化，拓展经济发展空间；如何充分行使我国在世界贸易组织中的权力，充分利用国际国内两个市场、两种资源，提高汽车业的自主创新能力；在世界产业结构体系内培养和提高我国汽车业的核心竞争力和国际竞争力，是提升产业结构的重要标志。

在 WTO 过渡期之后，在全球经济一体化、信息化、知识化条件下，我国汽车业积极实施国际化竞争已成为其生存和发展的客观需要。本书是对我国汽车业如何走出国门进行国际化竞争的思考。本书的研究围绕"国际化竞争"展开，主要就以下几个问题展开讨论：发达国家汽车业国际化竞争状况、经验及启示；我国汽车业国际化竞争的现状、存在问题；我国汽车业国际化竞争的外部环境以及产品优劣势；我国汽车业应如何进行国际化竞争，即国际化竞争的策略；我国汽车业国际化竞争所面临的风险及防范措施。

本书运用理论研究和案例分析相结合的方法，借鉴国际国内有关的最新研究成果,在定性、定量分析基础上,根据我国的实践经验进行理论创新,在比较和借鉴的基础上,为我国汽车业的国际化竞争实践提供具有一定价值、可操作性的策略建议。

1.2.3 本书研究意义

我国"一带一路"战略的实施,是党中央在深刻分析国际、国内政治经济发展形势基础上,以民族复兴为己任和以极大魄力做出的又一重大决策,"一带一路"战略的实施对我国汽车业实施国际化发展将会带来至关重要的发展机遇。汽车业的国际化发展战略,是指在全球经济越来越趋向一体化的经济环境条件下,汽车业积极参与世界分工体系,由以国内市场运营为主向全球化布局运营发展过程中所做出的战略选择及方案设计。在全球经济一体化环境中,企业国际化已成为其生存和发展的客观需要,而我国汽车产业在国民经济中关联度高、涉及面广,是国民经济的重要组成部分;汽车作为高新技术的集中载体,是国家提高自主创新能力,实现科技创新与产业调整跨越的重要途径;汽车业是资金、技术和劳动力密集产业,是经济发展中扩大就业的重要渠道;汽车文化已经融入现代文明,是推动社会进步的重要力量;汽车作为全球性国际贸易商品,是国家出口商品的主要组成部分。

因此,汽车业发展良好有序,对一国经济发展起着至关重要的作用,"一带一路"战略中汽车业实施国际化战略已成为汽车业生存和进一步获得良好发展的客观需要。本研究为"一带一路"战略中,我国汽车业如何充分利用国内国外两个市场、两种资源,实施国际化战略拓展国际市场发展空间,促进我国汽车业结构调整优化升级并提升我国汽车业国际竞争力提供参考。

在我国,汽车业是工业企业的重要组成部分,由于其所在的行业对技术、市场、产品的国际化要求很高,所以汽车业的国际竞争十分重要。但该问题较为复杂,在理论上尚无清晰的成果依托,因此,本研究既具有重要的现实意义,也具有一定的理论价值。

1)现实意义

第一,符合了我国企业"走出去"的发展战略。

党的十六大明确提出我国企业"走出去"的发展战略。实施"走出去"的发展战略,是党中央在深刻分析国际国内政治经济形势的基础上做出的重大决策。国家的"十一五"规划中也提出,"把增强自主创新能力作为科学技术发展的战略基点和调整产业结构、转变增长方式的中心环节",建设创新型国家。自主创新能力是国家竞争力的核心,也是企业生存和发展的关键,在经济全球化时代企业是自主创新的主体,为了提高企业自主创新能力,突破发达国家及其跨国公司的技术垄断,争取更为有利的贸易地位和竞争优势,企业必须“走出去”[22]。

第二,汽车产业的良好发展影响深远。

汽车产业对一个国家的实力增长具有战略作用。无论是发达国家还是发展中国家,汽车产业都曾经或正在发挥其不可替代的战略性影响力。因此,都非常重视汽车产业的发展。汽车产业作为许多发达国家的支柱产业,成为制造业增加值和资本形成的主要来源,并且联动众多相关产业和容纳大量的劳动力就业[24]。正是由于作为加速器的汽车产业的强力推进,这些发达国家和发展中国家才得以迅速完成工业化,为进入后工业社会奠定了坚实的物质基础和工业力量。

第三,我国汽车业国际化竞争对于企业本身的意义重大。

自 2011 年以来,在跨国公司品牌产品的挤压下,我国汽车业销售状况普遍不好,市场份额下降明显,企业经营困难,面临被边缘化甚至有消亡的趋势。加之,国内外经济、政策、市场、技术等环境的不确定性,我国汽车业在国内竞争的困境可能会延续。在国内市场竞争加剧的压力以及国外市场的巨大诱惑下,我国汽车业纷纷走向了国际化竞争的道路,这将成为不少企业发展壮大的“救命稻草”。显然,我国汽车业国际化竞争的成败不仅对于我国的产业影响较大,更对企业本身的发展意义重大。

2)理论意义

由于我国汽车业参与国际化竞争的时间较短,目前,对汽车业国际化竞争方面的研究仍然较少,且缺乏系统性,该问题无论在理论上还是实践上都处于探索阶段,在理论上尚无清晰的成果依托,因此本研究具有一定的理论意义。

1.3 本书理论综述

1.3.1 企业国际化理论的研究路线

第二次世界大战以后,随着社会分工的进一步发展,生产和资本的国际化日趋加强,跨国公司及其国际直接投资开始迅速增长,其增长速度大大超过了国际贸易和国内投资的增长速度,成为世界经济发展的主导因素。以跨国公司跨国界经营行为为研究对象的企业国际化理论,从 20 世纪 50 年代开始逐步发展起来。

1.3.2 企业国际化的基础理论

企业国际化的基础理论主要包括古典国际贸易理论、产品生命周期理论以及国际投资理论三个方面的内容。

1)古典国际贸易理论

古典国际贸易理论的最初起源,可以追溯到15世纪至18世纪期间的重商主义理论(Mercantilism)[35],当时欧洲正处在资本主义原始积累时期。重商主义理论主张政府严格控制对外经济活动,推崇贸易保护主义,是贸易保护理论的历史渊源。

古典国际贸易理论是在批判重商主义理论的基础上发展起来的,该理论认为对外贸易是获取财富和国家致富的主要源泉。国家之间进行经济贸易活动的原因是相同或相似贸易品在不同国家的价格差异,而这种价格差异来自于各自生产成本的不同,进一步分析显示,主要在于生产要素的价格不同。成本差异[36]可以划分为相对差异(Ricardo,1817)[35]和绝对差异(Smith,1776)两种。一些经济学家如李嘉图和史密斯都解释了生产技术具体表现为劳动生产,因而生产的具体化可以增加产出,提高销量,推进财富增长[37]。

2)产品生命周期理论

产品生命周期理论是国际化研究领域中的经典理论之一。该理论由美国哈佛大学教授雷蒙德·弗农(Raymond Vernon)于1966年在技术差距模型(Technological gap model)基础上加以拓展而形成的,用来解释国际投资与国际贸易行为[40]。他将产品的生命周期划分为四个阶段。

第一个阶段为产出阶段(Intruduction):即新产品的发明和研制阶段,技术差距导致专业化垄断性贸易(规模经济)的产生。在这一阶段,产品主要是劳动密集型产品,对新产品的需求主要来自本国市场,基本没有出口。

第二个阶段是增长阶段(Growth):产品生产逐步标准化,市场规模不断扩大,大规模生产成为可能;产品出口增加,对外直接投资初见端倪。

第三个阶段是成熟阶段(Maturity):产品生产呈高度的标准化,技术要素的重要性降低,劳动力价格要素的重要性增强,产品生产逐渐从技术先进区域向落后区域转移,落后区域最终成为这种产品的专业化生产区域。

第四个阶段是衰退阶段(Decline):先进国家的市场需求大幅下滑,原生产国企业逐步放弃老产品的生产,开始研发新产品。企业的国际化经营方式和重点也将转换,从而实现企业生产经营活动的国际化。

3)国际投资理论

古典的投资理论解释了资本可以在不同国家间自由流动,而决定资本在国际间流动的主要因素是不同国家之间资本边际收益或边际产值的差异。该理论认为生产因素(如劳动生产力、资本等)的流动最终目的是获取最大的报酬。资本丰富的国家到国外投资可以通过较多的劳动报酬,较便宜地生产需要大量资本的资本密集型商品,而劳动力丰富的国家其劳动力为获取高额报酬大量外出导致劳动力外流。直接投资除资本资产外,还涉及产品和技术的知识产权、劳动力、管理技能等专用资产的投资。因此,直接投资被视为市场经济中最为突出、最为复杂的现象之一(Mckierman,1992)[41]。

国际投资理论包括以下三方面内容。

(1)阶段理论(Stage Model)。

辩证地看,国外市场渗透的过程,通常也是国内某一企业优势发展的过程。一般来说,直接投资是一个阶段性的发展过程,其发展依次经历了出口→获取许可证→分支机构→某生产力丰富国家的直接投资等阶段[42]。

国际化的过程其实就是参与国际竞争的"走出去"的过程,它随时间的推移逐步变化,并在某种程度上是可以被预测的增长或连续增长的过程。这可以看成是一个学习的过程,即企业为消除来自陌生国家的语言、文化、教育、信息及法律法规的障碍等的学习过程。而且,海外市场的增长和发展有助于扫除国际化发展中因市场信息缺乏、沟通渠道不畅通与市场经验不足等导致的企业国际化经营的不确定性。

(2)市场缺陷理论(Market Imperfection Theories)。

20世纪60年代初,美国学者海默提出了一种新的国际化理论——市场缺陷理论,它是跨国公司国家生产的又一重要理论[43]。从本质上看,因为国际市场存在"市场缺陷"即不完全竞争,因而跨国公司必须利用自己的内部市场机制等优势条件来代替它或者消除它,其目的就是要避开市场缺陷。这种优势条件的来源既可以是经济规模,也可能是获得资本的途径,还可能是过剩的资源等,但无论是哪种来源,都必须足够强大足以克服特定国家所在组织以资本为基础的优势条件。市场体系的不完整性使各种组织能够在市场竞争中运用各自的优势力量去接近市场,或通过开展各种具备竞争优势的业务活动以获取超额租金。如果政府动机、贸易性壁垒、劳动力成本与教育成本等有利于国际扩张,各种组织会通过直接投资通过允许公司到各国组织生产以利用无形资产。海默还指出,多元化经营有利于降低公司或个人的投资组合风险。

(3)网络理论(NetworkApproach)。

20世纪90年代初,Forsgren(2000)实证研究了瑞士21家跨国公司的国际化类型,否定了跨国公司从出口→获取许可证→分支机构→某生产力丰富国家的直接投资的传统的国际化途径,并提出了一种新的理论,即网络理论[44]。该理论主要关注组织与组织结构之间网络结构的复杂性及其与网络行为之间的关系。根据这一理论,组织机构与组织机构之间通过网络的密切关联,才使网络化组织得以实现各有所长的专业机构力量的有机联结,因而要了解组织机构的行为必须先了解它们之间的网络行为。各机构所掌握的资源不可能完全相同因而也不具有可比性,组织机构人力资本或物质投资所形成的国际化战略的竞争能力也需要及时调整,以不断匹配、适应网络化组织机构的力量,而这些力量有助于产业网络的连接。如企业为了满足生产中所需的土地、设备、原材料等生产要素,在整个生产链条上必须面对各种复杂的关系,必须着力于培养通过供应商、分包商、批发商及分销商之间的关系;此外,企业还与行业中的直接竞争者、潜在竞争者以及当地政府各职能部门发生联系。国际贸易与竞争中的技术处于不断的发展变化中,而以复杂和快速的技术变化为趋势的网络形态非常普遍[45]。在此环境中,传统的组织结构尚未适应新的市场变化,而网络结构则作为组织结构的禅机形态提前呈现出来。

1.3.3 企业国际化的阶段理论

有许多模型论述企业国际化,它们认为企业国际化是发生在截然不同的阶段和相当长时期的渐进性过程。从 20 世纪 60 年代 Hymer(1960),Kindlebeger(1962)和 Aharoni(1966)开始对企业国际化的研究发展到多国企业成长理论,国际产品生产理论,以及 Vernon(1966)的产品生命周期理论等。由于许多有关企业国际化的研究受到概念化的影响,企业国际化系统概念的提出源于 20 世纪 70 年代中后期的“乌普萨拉学派”(Uppsala School)的国际化阶段理论[46]。

1.3.4 跨国公司对外直接投资理论

在学术界研究从贸易与投资领域研究企业国际化和从企业行为过程探索企业国际化阶段理论的同时,许多经济学家对跨国公司的国际投资等进行了分析研究,形成了现代的国际直接投资理论。

国际货币基金组织(IMF)把对外直接投资定义为:在投资人以外的国家或地区所经营的企业中拥有持续利益的一种投资,其目的在于对该企业的经营管理具有控制权。世界银行(WB)认为,对外直接投资是指向东道国企业提供一定数量的融资,从而能够直接参与企业管理过程的外国投资。而联合国贸易与发展会议(UNCTAD)则在 IMF 和经济合作发展组织(OECD)的基础上,将对外直接投资定义为:反映一种经济体的对外投资者或母公司在其他经济体的企业中的持续利益和控制力的一种长期关系的投资。

由此可见,对外直接投资其核心是对本国或本经济区以外企业的经营管理有一定的控制力[56]。

20世纪80年代以来，国际直接投资理论主要是以发达国家跨国公司为研究对象，研究认为跨国公司的竞争优势主要来自于企业对市场的垄断、规模投资、产品的差异化、高新技术和企业管理技术等。规模小、技术含量低等劳动密集型的发展中国家的企业，并不具备这些优势。20世纪80年代以后，对外直接投资的研究伴随着全球一体化和信息化的发展而进一步深入，对外直接投资越来越向发展中国家进行扩张，使得发展中国家对外直接投资有了显著的发展。这对传统的国际化理论提出了严重的挑战，在这种情况下，研究发展中国家对外直接投资的理论不断出现，主要有以下三种。

（1）投资发展周期理论。

这是邓宁提出的旨在解释一个国家经济发展水平与国际直接投资的关系的理论。它将一国吸引外资和对外投资能力与其经济发展水平结合起来，用一国人均GDP来分析其国际投资地位，并加以实证研究。国际直接投资理论认为，吸收外国直接投资与对外直接投资之间存在着内在的联系。而邓宁（Dunning）提出的投资发展周期论则进一步指出，一个国家吸收外国直接投资和对外直接投资的五个发展阶段与该国经济发展水平相联系。邓宁的投资发展周期理论是从动态上认识一个国家的发展和对外直接投资之间的关系所做的考量，是其国际生产折中理论在发展中国家的运用和延伸。

1978年，在夏威夷召开的第三届跨国公司大会上，美国学者John Duning首次提出了投资发展周期理论[61]。按照邓宁对67个国家1967—1978年直接投资流量与人均GDP之间关系所做的实证考察，在此后相当长时间内，邓宁及其学生内热拉（Narula）对投资发展周期轨迹理论不断进行修正和完善[61]。该理论认为对外直接投资净额（对外直接投资与吸收外国直接投资的差额）提高了发展中国家的整体竞争力和综合优势[62]。

（2）小规模技术优势理论。

小规模技术优势理论是美国经济学家刘易斯·威尔斯（L. T. Wells）在1983年出版的《第三世界跨国企业》一书中提出的。该书指出，世界市场是多元化、多层次的，所以即使那些技术不够先进和生产规模不够庞大的企业，仍有很强的经济动力和较大的空间参与对外投资，这种小规模技术优势主要来源于低成本。

①小规模生产技术适合低收入、市场需求量小的国家；

②小规模技术优势来自于“当地采购和特殊产品”，以及满足海外某一细分的需求市场；

③低价营销，也就是发展中国家的跨国公司往往投入少量的广告费，也不进行大规模的产品形象和品牌效应的推广，而是采取低价的营销战略。

但该理论将发展中国家跨国公司的竞争优势仅限于小规模生产技术的使用，具有很大的局限性[63]。

(3)边际产业扩张论理论。

边际产业扩张理论的内容是:对外直接投资应该从本国已经处于或即将处于比较劣势的产业,即边际产业开始,并依次进行。其结果不仅可以使国内的产业结构更加合理、促进本国对外贸易的发展,而且还有利于东道国产业的调整、促进东道国劳动密集型行业的发展,对双方都产生有利的影响。20世纪60年代,随着日本经济的高速发展,其国际地位日益提高,与美国、西欧共同构成国际直接投资的“三国鼎立格局”。然而,日本对外直接投资较欧美国家不同。对此,日本学者小岛清(K. Kojima)教授根据日本国情,结合本国特色发展了国际直接投资理论。1978年,在其代表作《对外直接投资》一书中系统地阐述了他的对外直接投资理论——边际产业扩张理论,指出了日本的对外直接投资与美国相比所存在的三点不同。小岛清根据对外直接投资的动机将其分为自然资源导向型、劳动力导向型、市场导向型和生产与销售国际化型等四种类型。小岛清认为,所谓“边际产业”有双重含义,在投资国它的地位处于产业比较优势的下层,而在东道国其地位是处于比较优势的上层。投资国通过“边际产业”的转移可以为国内产业结构升级创造条件。同时,这些产业转移到国外后可以充分利用东道国的比较优势重新发挥它对国内经济的积极作用。与赫克歇尔－俄林理论的区别在于,小岛清认为,对外投资不仅要考虑充分利用东道国的比较优势,同时还要带动出口需求而不是产生出口替代。所以,“边际产业”合适的对外直接投资可以促进国际贸易,有效地提升双方的产业结构,促进双方的经济发展。而且由于这类产业上投资方和受资方的生产技术和管理水平的落差并不大,易于东道国吸收消化,是最有效的技术转移方式[64]。

与此相反,日本的对外直接投资行业是在本国已经处于比较劣势而在东道国正在形成比较优势或具有潜在的比较优势的行业,所以对外直接投资的增加会带来国际贸易量的扩大,这种投资是贸易创造型的[65]。

1.3.5 国内研究现状

1)“一带一路”战略经济背景概念界定

我国决定实施“一带一路”战略。从习近平主席在2014年布里斯班G20峰会上发表讲话,支持设立“全球基础设施中心”,支持世界银行成立“全球基础设施基金”起,到2014年北京APEC会议批准了《亚太经合组织互联互通蓝图》这一里程碑式文件。

习近平主席提出深化"一带一路"合作的五点建议,提出了互联互通的重点方向,勾勒了基本框架,明确了突破点,还强调要以人文交流为纽带,夯实亚洲互联互通的社会根基。随后,国家发改委对外经济研究所国际合作室主任张建平、中国人民银行金融研究所所长金中夏等都发表言论,认为要尽快行动起来,"民心相通"更突出软实力的培养和作用的发挥。

基于以上分析,本书力求全面、客观地界定我国汽车业的国际化竞争策略,以便更有针对性地展开分析和研究。正如习近平主席指出的,互联互通是一条脚下之路,无论是公路、铁路、航路还是网路,路通到哪里,我们的合作就在哪里。互联互通是一条规则之路,多一些协调合作,少一些规则障碍,我们的物流就会更畅通、交往就会更便捷。

2)汽车业国际化竞争策略理论综述

第二次世界大战以后,随着社会分工的进一步发展,生产和资本的国际化日趋加强,跨国公司及其国际直接投资开始迅速增长,其增长速度大大超过了国际贸易和国内投资的增长速度,成为世界经济发展的主导因素。以跨国公司跨国界经营行为为研究对象的企业国际化理论从20世纪50年代开始逐步发展起来。半个多世纪以来,世界经济发展的一个显著特点是各国企业经营活动的国际化,在很长的一段时间内,全球经济、区域经济、国家经济和跨国经济同时存在并持续发展,国际化经营已成为当今企业经营的主导趋势之一,而企业国际化理论不断丰富,形成了所谓"企业国际化理论丛林"。总体上看,企业国际化理论的探究是沿着三条路线进行的。

第一条是以产业组织理论为基础,以不完全竞争为条件的研究路线。其代表性的理论有海默[26](Stephen H. Hymer)和金德尔伯格(C. P. Kindleberger)等人的垄断优势理论[27];巴克利(Peter. J. Buckley)和卡森(Mark Casson)等人的内部化理论;凯夫斯(R. E. Caves)的产品差异论[29];以及尼克博克等的寡占反应论。

第二条研究路线是以国际贸易为基础,以完全竞争为条件。其代表性的理论包括弗农(Raymond Vernon)的产品生命周期理论、小岛清(K. Kojima)的比较优势投资理论等。

第三条研究路线是从企业管理的角度,以跨国经营行为、国际化演变过程的研究为主,代表性理论包括约翰森(J. Johanson)和瓦德协姆(Paul Wiedersheim)的企业国际化阶段论、出口行为理论、企业网络理论以及国际战略管理理论等。

3)交通行业的汽车业国际化竞争策略研究

(1)企业国际化理论。

改革开放以来,我国企业国际化理论研究仍处于初期阶段,缺乏系统性和规范性，这是由我国企业国际化的特殊历程和国际地位所决定的。我国企业国际化发展的沿革可以分为内向驱动国际化、外向驱动国际化和正在展开的跨国公司化三个阶段。目前，我国企业国际化正处于外向国际化的国际化经营阶段向跨国公司化转换的关键时期。

企业国际化的阶段不同，其国际化的战略、内容、形式和功能也随之变化。内向型国际化阶段战略聚焦是对外开放战略，外向型国际化阶段的战略聚焦是“走出去”战略，跨国公司化阶段的战略是企业的全球化发展战略或者说是我国跨国公司全球优化的发展战略。根据张磊的研究，企业国际化发展战略的理论沿革见表1-1[66]：

我国企业国际化发展理论沿革　表1-1

	国际化形式	国际化内容	国际化功能	国际化动因
对外开放战略	内向驱动国际化	1. 进口 2. 引进技术、设备 3. “三来一补” 4. “三资企业”	1. 提升技术水平 2. 提升管理水平 3. 利用外资、技术、市场和信息资源	1. 资金短缺 2. 技术落后 3. 管理水平低
“走出去”战略	外向驱动国际化	1. 直接出口 2. 贴牌生产 3. 技术转让和许可(OEM) 4. 海外办事处、销售分公司 5. 海外技术合作R&D中心 6. 国际战略联盟	1. 提升产品质量，改进工艺流程 2. 建立销售渠道、树立品牌 3. 产业结构调整、制造业升级 4. 提升展业竞争力	1. 资源导向市场导向 2. 适应性技术转移 3. 国际国内竞争 4. 产品结构优化
全球化战略	跨国公司化阶段	1. 绿地投资 2. 跨国收购 3. 跨国兼并 4. 金融组合	1. 加快技术进步和技术创新 2. 全球范围内配置资源 3. 融入经济全球化浪潮	1. 全球能源战略 2. 国际竞争地位 3. 长期发展目标 4. 国家竞争力

具体来说，我国企业国际化理论发展阶段的情况为：内向国际化发展，以邓小平的对外开放战略理论为代表；外向国际化发展，以“走出去”发展战略理论为代表；跨国公司化3个阶段。我国企业实施国际化战略所涉及的战略管理和国际商务中的理论与实践问题研究，主要研究内容应涉及我国企业国际化方式、过程和规模；走向国际化的我国企业的特征和行业特点，“走出去”的目标与途径；我国企业国际扩张的动机研究；我国企业的跨国经营程度对于经营绩效的影响。

(2)企业竞争方面。

该方面研究较为丰富，既有原则阐述，又有策略探讨。刘佐太对企业竞争环境、市场及其对策给予了较丰富的分析[57]，彭绍仲则对企业竞争的规则进行了探讨[58]，于建原从市场方面对竞争策略和方面进行了理论分析[59]。

有关企业竞争战略的研究独树一帜，如杨锡怀在其《企业战略管理》一书中对基本的竞争战略给予了概念和解释[70]，周湘峰、郭艳对供应链下的企业竞争战略模式给予了分析[71]，李群、马敏象、安华轩对信息技术下的竞争战略管理[72]，林晓对生态位理论下的企业竞争战略[73]，周亚庆对忠诚细分下的企业竞争战略给予了探讨[74]。显然，这些从不同角度所提出的不同竞争战略理论大大丰富了企业竞争战略理论的理论体系。

随着研究的深入，企业竞争战略越来越细化，出现了较多的分析角度，如从战略组织与绩效角度[75]、仿生学角度[76]、顾客价值角度[77]等。

对于企业竞争的研究，不得不提的是对于企业竞争力及其绩效的评价，这方面国内外研究较多，大多从竞争力和顾客价值角度开展。国内金碚教授所做的贡献较大，他从不同学科角度对相关竞争力理论给予了较为全面的分析和梳理，其企业异质性假设成为企业竞争力研究的理论出发点[78,79]。随后，刘志林从企业形象角度[80]、甘翠峰从知识和文化管理角度[81]、魏杰从企业制度角度[82]对企业竞争力给予了不同的探讨。

在绩效评价方面，根据对企业竞争力内涵理解的不同，构建了不同的指标体系，并采用了不同的评价方法，如张守凤利用多层多级模糊模式识别模型对企业竞争力进行了识别和评价[83]，李卫东利用多种方法特别是组合评价法对企业竞争力进行了评价[84]。

4）我国汽车业国际化竞争研究

国内对我国汽车业的发展探讨得较多，如陈金波基于我国汽车工业发展模式研究，提出自主企业应走自主发展的道路[85]，胡爱民对我国企业的发展现状及其发展前景给予了分析[86,87]，马钧、范明瑛对我国自主品牌汽车所面临的挑战进行了总结，并给出了其对应的发展对策[88]。在未来发展方面，王玮楠认为我国汽车业的发展还需很长时间[89]，徐钟对自主品牌汽车是否具有长期的发展前景给予了探讨[90]，而王乐则对我国汽车产品在中高端市场的未来情况进行了分析[91]。

在我国汽车业的发展研究中，更多的人将关注的目光转向了其国际化方面。黄哲睿对我国汽车产品出口与企业的国际化给予研究，特别从时机和实力两个方面的国际化可行性进行了探讨[92]。文献[93,94]对我国自主品牌汽车在北美、欧盟等市场的生存和发展情况进行了分析，并提出了自己的意见。

另外，就国际化方面，刘单丹就如何进入国际化以及如何进行国际化经营给出了建议[95],李惠玲就目标市场选择、营销策略组合等方面提出了具体的策略方法[96],田伟从我国汽车业在国际化的环境风险、方式选择、过程控制等方面做了一定的探讨[97]。

随着我国汽车产业国际化进程的推进,相信会有越来越多的相关研究出现,但就目前的研究而言,一是缺少对我国汽车业发展现状的现实思考,特别是对于我国自主品牌汽车在全球化大背景下竞争现状的分析;二是国内外市场发展变化较快,一些问题随着发展已经解决,而一些新的问题又会出现。因此,有必要站在经济一体化大背景下对我国汽车业的国际化竞争进行系统分析。

1.4 本书研究内容及结构

1.4.1 本书研究内容

第一章是本书的理论综述,阐述了在经济全球化、信息化的前提下,我国汽车业实施国际化发展战略的必然性和战略意义,提出我国汽车业国际化发展的主要研究问题,分析国内外的研究现状。首先是国际贸易和投资领域对汽车业国际化的研究;其次是从企业经营管理角度,以企业国际化过程为主线,对汽车业国际化阶段的研究;第三是以产业组织理论为基础,以跨国公司的跨国经营为研究对象,对国际直接投资的研究。从汽车业国际化的国内外背景出发,提出本书研究的主要问题和目的。

第二章:发达国家汽车业国际化竞争的历程及其启示。其中介绍了欧美、日韩等发达国家汽车业的国际化竞争历程,分析了它们的一些经验及其启示,并通过总结它们的这些共有的成功经验,进而为我国汽车业实施国际化竞争提供借鉴和指导。

第三章:我国汽车业国际化竞争的现状及问题。探讨我国汽车业国际化竞争力不足的现状与原因,分析我国汽车业国际化竞争力的潜力,建立我国汽车业国际化竞争力 AHP 分析模型,并通过案例对上海汽车公司、福田汽车公司、长安汽车公司和中国重汽等样本企业的国际化竞争力进行评价。

第四章:我国汽车业国际化竞争的环境分析。对我国汽车业实施国际化竞争战略的内外部环境因素进行分析,包括经济环境分析、市场环境分析、国家政策环境分析、技术环境分析、产品环境分析和人力环境分析等,并运用 SWOT 分析法,来识别我国汽车业实施国际化竞争战略的优势、劣势、机会和威胁。最后,在国际化竞争环境的大背景下,对我国汽车业实施国际化竞争的动因及必要性进行分析。

第五章:我国汽车业国际化竞争的策略分析。结合我国汽车业国际化竞争中所存在的诸多不足以及所面临的各种环境,探讨其国际化竞争下的策略选择,提出我国汽车业实施国际化竞争的对策建议,主要包括进入模式、策略方针、具体策略展开、策略转型等内容,并从经济学角度有针对性地分析了国际化竞争所会导致的结果以及解决这种结果的具体对策,并说明汽车业兼并收购的有效性问题。

第六章:我国汽车业国际化竞争的风险控制。论述我国汽车业实施国际化竞争的主要风险,包括宏观环境风险、行业环境风险、企业内部风险等,分析我国汽车业国际化竞争风险的成因,提出防范国际化竞争风险的对策建议。

第七章和第八章:结合我国汽车业实施国际化竞争的主要成果,结合国家实施“一带一路”战略和山东省的区位经济发展现状,提出山东省融入“一带一路”战略中的基本思路和对策。

第九章:总结与研究展望。对全书进行总结,对我国汽车业国际化竞争和山东省融入“一带一路”战略中对策的后续研究进行展望。

总的来看,本书形成以下结论:

第一,在全球经济一体化的情况下,基于发达国家汽车业国际化竞争的经验启示,从国际化战略的企业竞争角度来分析我国汽车业的发展策略问题。目前,有关国际化问题的研究多是建立在企业如何“走出去”这样的假设下进行的,而对于如何进行国际化竞争的研究则明显不足。本书针对目前我国汽车业已经进行的国际化竞争现实,对其国际化竞争的内外部环境进行较为系统的研究和剖析,进而给出相对应的策略举措,显然能为我国汽车业国际化竞争的研究提供一个全新的视角。

第二,定量化分析方法的运用。本书在对我国汽车业国际化竞争力评价中采用了 AHP 分析法;在对我国汽车业国际化竞争策略分析中,借助了 Bertrand 双寡头博弈模型,得出了汽车业国际化竞争的结果及其对策;在对我国汽车业兼并收购策略分析中,借助了 Cournot 竞争模型,从理论上证明了,只为获得更多垄断势力而合并的企业可能会盈利,且追求规模收益是汽车业合并的动机之一。这种定量化分析方法的运用能够使结果更严谨,使得研究更具有说服力。

第三,为企业国际化竞争的系统研究提供了基本的分析框架。本书基于汽车业的经济一体化环境,提供出了一个较为全面的分析框架。

1.4.2 本书研究结构

本书的研究结构如图 1-5 所示。

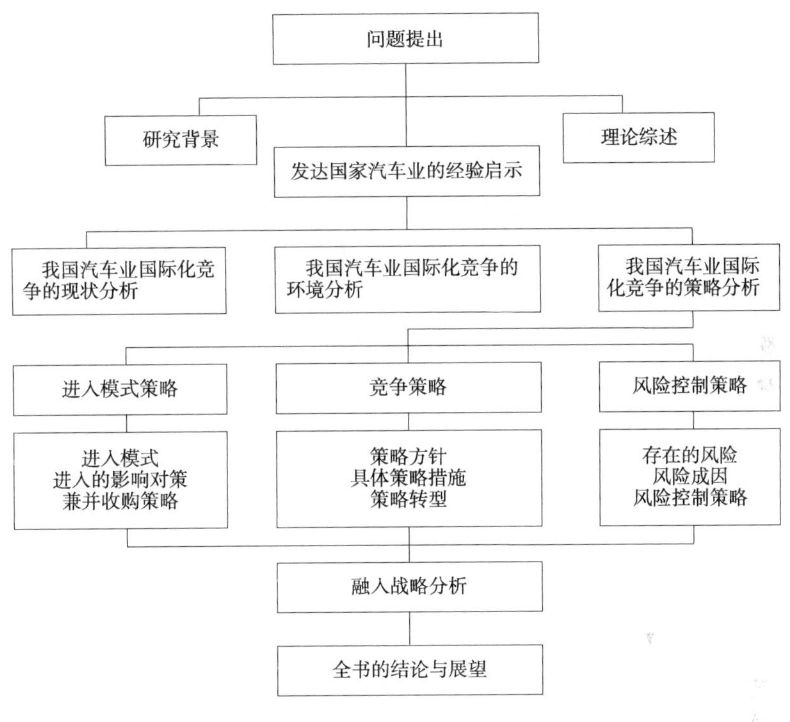

图 1-5　本书研究结构

1.5　本书研究方法及创新点

1.5.1　本书研究方法

1)定性与定量相结合方法

本书在对我国汽车业国际化竞争力评价中采用了 AHP 分析法,在对我国汽车业国际化竞争策略分析中,借助 Bertrand 双寡头模型,得出了汽车业国际化竞争的结果及其对策,在对我国汽车业兼并收购策略分析中,借助 Cournot 竞争模型,从理论上证明了,只为获得更多垄断势力而合并的企业可能会盈利,追求规模收益是汽车业合并的动机之一。这种定量和定性相结合的方法应用能够使结果更严谨,也更具有说服力。

2)规范分析与实证分析相结合

本书从发达国家汽车业国际化竞争的历程及经验启示入手,在对我国汽车业国际化竞争的现状、问题、内外部环境等分析基础上,提出我国汽车业国际化竞争的策略措施。在本书最后用案例研究，不仅能够验证规范分析中的相关观点，而且能够针对研究对象，提出问题、分析问题，最后给出解决问题的策略或建议，以起到相关指导和借鉴的作用。

3）重点研究和系统研究相结合

在对发达国家汽车业国际化竞争经验启示分析的基础上，对我国汽车业国际化竞争的现状、问题、内外部环境、面临的机遇挑战、动因等方面做了系统性分析，在对我国汽车业国际化竞争策略做了重点分析，这样既强调了全书的系统性，又体现了全书的重点。

1.5.2 本书创新点

（1）基于我国汽车业国际化竞争的现状问题、内外部环境等研究基础上，提出了我国汽车业国际化竞争在进入模式、竞争措施、风险控制等方面的策略举措，特别是针对我国汽车业的“立足国内、品牌自主、国际并购、市场拉动产品、进入汽车业服务市场”等一系列具体策略，为我国汽车业实施国际化竞争战略提供借鉴和指导。

（2）基于 AHP 分析模型，建立了我国汽车业国际化竞争力的评价方法，并且通过模型的应用说明了我国汽车业国际化竞争力不足的现状，为我国汽车业国际化竞争力的评价提供了方法依据。

（3）借助 Bertrand 双寡头模型，从理论上得出了汽车业国际化竞争会导致产品价格以及利润降低，甚至会造成“价格战”等恶性竞争的结论，给出了联合兼并和产品差异化等两种解决对策，并说明了我国国内企业的联合重组会陷入“囚徒困境”之中的现实，为此需要政府有效的奖惩措施等必要的监管来加以推动，这是对我国汽车业国际化相关研究的有益补充和延伸。

（4）借助 Cournot 竞争模型，从理论上证明了，只为获得更多垄断势力而合并的企业可能会盈利，追求规模收益是汽车业合并的动机之一，从而说明了我国汽车业要进行国际化竞争，通过兼并收购方式可以减少自己的竞争对手而获得垄断势力，且同时扩大自己的生产经营规模必将成为企业的发展策略或一种发展趋势，这是对我国汽车业国际化兼并收购研究的补充和发展。

（5）分析总结公司国际化竞争的基本特点及所面临的内外部环境，得出了其国际化竞争的有利因素好于不利因素、机遇大于挑战的结论，并以此为基础，从山东省区位优势和经济发展现状对其融入国家“一带一路”战略中的国际化竞争的策略和对策和推进思路进行了分析和研究，为山东省融入“一带一路”战略的国际化竞争提供分析参考和借鉴指导。

第2章　发达国家汽车业国际化竞争的历程及其启示

在工业化中期到进入后工业社会之前，一个国家实力的增强，尤其是大国，在很大程度上取决于汽车业的发展水平。汽车业之所以能够发挥这样的战略作用，其主要原因在于汽车业能够直接促进产业结构的升级，提高整个制造业系统的生产效率。而从发达国家汽车业发展的历程可以看出，其成功的背后明显地带有国际化竞争的背影，可以说，没有成功的国际化竞争，就不会有这些汽车业的发展壮大。

本章将对这些发达国家的国际化竞争历程进行分析和总结，以找出其经验和启示，从而为我国汽车业的国际化竞争提供借鉴。

2.1　欧美国家汽车业国际化竞争历程及其经验启示

2.1.1　欧美国家汽车业国际化竞争历程

1)法国汽车发展史

在汽车发展史上，法国人有着自己独特的地位。早在1769年，法国陆军技术军官居诺就在政府的支持下试制成功了世界上第一辆具有实用价值的蒸汽汽车，从而引发了世界性的研究和制造汽车的热潮。但随后到来的法国大革命却让法国的汽车研究中断了几十年，直到1828年，巴黎技工学校校长配夸尔制造了一辆蒸汽牵引汽车，其独创的差速器及独立悬架技术至今仍在汽车上广泛应用着。

法国出现第一辆汽油汽车是在1890年，由阿尔芒·标致创立的标致公司生产，第一次世界大战前，标致公司的年产量达到1.2万辆，到1939年时年产量达4.8万辆；而1915年创办的雪铁龙汽车公司发展更快，在20世纪20年代初年产量就突破10万辆；1928年日产汽车达到400辆，占全法国汽车产量的三分之一。另一个创办于1898年的大型汽车厂——雷诺汽车公司发展也很快，1914年便形成了大规模生产，一战期间更是因军火生产而筹集了大量资金用于汽车生产。

第二次世界大战期间，雷诺公司为德国法西斯效劳，为德国军队提供大量坦克、飞机发动机和其他武器，因而战争结束后，雷诺公司被法国政府接管，路易·雷诺也被逮捕。在政府支持下，雷诺公司兼并了许多小汽车公司，1975 年其汽车年产量超过了 150 万辆，成为法国第一大汽车厂商，而标致汽车公司的产量也在第二次世界大战后 20 年内猛增十几倍，一跃成为法国第二大汽车公司，20 世纪 80 年代更是超过雷诺而登上榜首。雪铁龙汽车公司则因经营不善而被标致汽车公司于 1976 年收购。

进入 20 世纪 80 年代，世界性的经济危机使法国汽车工业受到了一定的挫折，雷诺公司更是连年亏损，1984 年产量急剧下降到 30 万辆，但几年后雷诺公司便恢复了元气，1999 年 3 月还收购了日产汽车公司 36.8% 的股份，2013 年的产量达 229 万辆。法国汽车的总体特点就是车体较小而设计新颖，符合大众化的方向，因此在西欧成为家庭轿车的热门，雷诺的“丽人行”微型车在欧洲曾多次获销量第一。但是在豪华车、跑车领域，法国汽车公司就不如美、德、日等国汽车公司出色，这也成为法国汽车工业的遗憾。

2）德国汽车发展史

1885 年 10 月，卡尔·奔驰设计制造了世界上第一辆三轮汽油汽车，她的妻子贝尔塔驾驶它时走时停地开了 100 多公里，成为世界上第一个女驾驶员。1886 年 1 月 26 日，奔驰取得了专利权，德国人便把 1886 年称为汽车诞生年。同年戈特利布·戴姆勒也发明了一辆四轮汽油汽车。两人各自成立了自己的汽车公司，1926 年两家合并为戴姆勒－奔驰汽车公司。

汽车的诱人前景使德国的汽车厂纷纷出现，一些其他行业的厂家也转向汽车生产。1901 年，德国共有 12 家汽车厂，职工 1773 人，年产 884 辆，而到 1908 年，汽车厂达到 53 家，职工 12400 多人，年产 5547 辆。1914 年一战前，德国汽车工业已基本形成一个独立的工业部门，年产量达 2 万辆。汽车工业的发达从某种程度上也激发了一战的爆发。1934 年 1 月，著名汽车设计大师波尔舍联合 34 万人合股成立了大众汽车公司，得到希特勒政府的支持，而随后开发的甲壳虫汽车令大众迅速成为国际性的汽车厂商。“二战”德国的战败给德国的汽车工业造成了一定的损失，但从 1950 年开始，德国汽车工业又得到了较快的发展，超过英国成为世界第二大汽车生产国。直到 1967 年日本的汽车产量超过了德国，之后德国便处在世界第三的位置。

总体上看，德国汽车以质量好、安全可靠而著称，奔驰、宝马等豪华车和保时捷跑车在世界车坛享有盛誉，经久不衰，其品牌含金量极高。所以，1998 年春，戴姆勒—奔驰公司与克莱斯勒合并时，戴姆勒—奔驰的年产量仅百万辆有余，而克莱斯勒年产量近 400 多万辆，但戴姆勒—奔驰取得了新公司的支配权。当然，德国汽车一味追求高档、豪华也给其市场开拓带来了一定的难度，除了大众能以真正大众特色的产品雄居世界十大汽车厂商第四位外，其他公司的产量都不高。

3）美国汽车发展史

回顾历史，美国的汽车业几乎就是世界汽车业的历史。在上百年的发展过程中，美国创造了福特流水线生产方式，创造了值得骄傲的通用矩阵式企业经营组织模式和一系列世界知名的汽车业品牌和经典车型，留下了曾独霸全球汽车业前两名大半个世纪的辉煌历史。

美国历史上第一次汽车展览始于1900年11月，在纽约市当时的麦迪逊花园广场举行。从历次汽车展览可以看出美国汽车工业的发展历史，也可以看出美国汽车工业汽车造型及功能的发展。19世纪末，美国的经济已经达到了比较高的水平，工业生产开始处于世界前列，它的钢铁和石油化工等工业的发展为汽车工业创造了条件。1908年，福特汽车推出了著名的T形车，这种售价不足500美元（后降到300美元）的汽车，只有当时同类汽车价格的1/4甚至1/10，美国一个普通工人用一年工资就可以购买到。福特的T形车战略使汽车成为真正意义上的大众交通工具。1913年，福特公司首先在生产中使用流水线装配汽车，这给汽车工业带来革命性变化，美国随即出现了普及汽车的高潮。

第一阶段：1900—1915年。1893年福特发明世界上第一辆以汽油为动力的汽车后7年，汽车开始大量生产，人们进入汽车时代。奥兹莫比尔汽车公司成立于1887年，是美国历史最悠久的汽车制造厂商。该公司于1903年生产的Doctor Coupe是单汽缸发动机汽车，也是该公司第一批大量生产的汽车，1903年共约生产了4000辆。1909年福特汽车公司生产的福特T形汽车为汽车制造开创了新纪元，也可以说是为20世纪的美国甚至全世界让汽车成为大众交通工具的先驱，因为它是世界第一条生产线上装配而成的汽车。当时的媒体一致推选福特T形汽车为20世纪最重要的汽车发明。福特采用大量生产方式，改善T形汽车，同时降低价格，也因此改变了人类的生活方式。1908年，当今全球第一大汽车生产厂商通用汽车公司成立。在这两大汽车公司的耕耘下，汽车性能越发精进，销售量蒸蒸日上，1916美国汽车销量首度突破100万辆，1920年突破200万辆，达到了新的里程碑。

第二阶段：1916—1929年。汽车制造在这个时期日趋成熟。越来越多的中等阶层拥有汽车，而汽车的造型已经成为汽车制造过程中的一个重要步骤。通用汽车公司更率先成立艺术与色彩生产部门。在这个时期，富有人家流行汽车车身定做，即先购买某种汽车的机械部件，然后再另外设计定做车身。虽然许多被视为经典的汽车外观都是这个时期的产物，但车身定做其实是费钱而不实际的。成立于1902年的凯迪拉克汽车公司一向以机械部件优良著称。公司曾经有过把3辆汽车拆开，将机械零部件整个打散，再重新混合组合成3辆汽车的记录。这项创举，旨在强调凯迪拉克的零部件的标准化及一致性。另外，当时声望极高的高级汽车制造厂商 Pierce Arrow 汽车公司从1901年至1938年在纽约州水牛城生产汽车，公司早期即采用铝合金车身并配备有动力制动。这个时期，美国汽车工业为适合消费者需求已经能够生产8缸发动机跑车，时速可达到115英里。1925年美国第三大汽车制造厂商克莱斯勒汽车公司成立。在美国经济大萧条前夕的1929年，美国汽车年销量冲破500万辆。

第三阶段：1930—1942年，利用空气动力原理，汽车的发动机设计在这个时期出现长足的进步。然而，第二次世界大战让汽车制造厂商投入军事车辆及机械的制造，汽车外观并无明显演变，几乎无造型可言的吉普车的出现完全是基于实际的需要。Packard 汽车公司共制造7种时速可达100英里的高性能 Packard Speedstar 汽车，被视为当时豪华汽车的代表。当时全球市场上有15家厂商制造豪华型汽车，Packrad 就占了50%的市场。Franklin Sport Runabout 汽车公司自1902年至1934年在纽约州的雪城生产汽车，发动机开始使用空气冷却系统。

第四阶段：1946—1959年，随着喷气飞机时代的来临，汽车造型也趋向更低、更长、更宽，并在车后加上大大的尾翅。这个时期的汽车造型有两大特色，一是车身的防撞设计，一是尾翅的流行。20世纪50年代，美国最具特色的汽车是家庭式旅行车（Station Wagon），象征着郊区家庭的美好生活。这个时期，福特雷鸟汽车曾是公司跑车的代言者。1955年公司生产的雷鸟8缸双人座敞篷跑车，车顶为活动纤维玻璃，其华丽造型获得了高度评价，后因其控制轻巧，又被喻为私人车的象征。1958年，美国汽车厂商专为纽约国际汽车展览设计了一款只有1辆的 Dual Ghia 100 原型汽车，它具有400马力（294千瓦）的动力，最高时速为140英里（224公里），并配有当时车迷所梦想的盒式磁带汽车音响。

第五阶段：1960—1979年，消费者抛弃以往强调越大越美的汽车造型，传统而保守的造型蔚然成风，以甲壳虫为代表的小型汽车大为流行。一些价格合理的小跑车如 Mustang 和 Corvette 等普遍受到欢迎，小型汽车市场开始增长。美国三大汽车公司都有此类产品推出，1964年福特野马跑车率先掀起小型车的革命。美洲豹E型汽车以玲珑的流线形外形赢得消费者青睐。当捷豹 XKE 汽车第一次在1961年的纽约国际汽车展览出现时，立刻造成轰动。这款双人座双门敞篷车时速高达150英里（240公里），而它创新的独立后悬架系统使其在当年的车展上备受宠爱。

第六阶段：1980—2000年，从20世纪80年代起，美国汽车工业几乎难以招架日本汽车业的凌厉攻势，日本的本田、日产、三菱和富士公司相继在美国设厂。美国汽车工业为与日本汽车进行竞争，又不断推出新造型汽车，被称为小型箱式车

(minivan)的客货两用轻型汽车一举成为最受家庭喜爱的车种,这种汽车的外形更接近于普通小汽车,只是车厢后部增加了可以放置物品的空间,约占车厢的1/3,驾驶时的感觉也与普通小汽车类似。而家庭轿车、双门轿车、跑车也都讲究流线形设计,一改近20年来的直线设计。20世纪90年代,多功能车又独领风骚,因为很多美国人喜欢有载货和越野功能而又可以做代步工具,驾驶它上下班的汽车。

从20世纪初到现在,美国汽车工业已超过了100多年的历史,在与同行的激烈竞争中不断创新发展,迎合消费者对汽车造型的性能的需求,主宰了世界汽车工业,美国成为名副其实的汽车大国,工业大国。在这一过程中,美国通用汽车公司不仅成为世界最大的汽车公司,也成为世界上首屈一指的跨国集团(通用1993财政年度销售额为1336亿美元,约等于同年中国国民生产总值的45%。它消耗了美国10%以上的钢铁、25%以上的橡胶)。

进入21世纪美国汽车业明显衰落。2007年,占据世界汽车第二宝座长达70余年的美国福特公司被日本丰田公司超越是一个标志性事件,是美国汽车业走下坡路的开始;在2008年,在全球遭遇金融海啸乃至罕见经济危机的冲击下,美国汽车业"三大"濒临绝境,处于了破产边缘,这绝对是美国汽车业历史发展中的一个重要节点[97]。近两年美国汽车业的全球竞争力继续滑落,这种国际竞争抵抗能力全面丧失的事实绝不仅仅是企业的经营问题。

2009年,欧盟15国汽车业销量比2008年同期下降了12.5%,除了德国由于遭到本国政府出台多项购车优惠政策的抚慰,销量上升了22.8%外,其他各国均出现不同水平的下降。而同期的东欧十国全体销量同比2008年下降了27.9%,仅有波兰、捷克和斯洛文尼亚三国销量有小幅度的上升[98]。自2008年末美国次贷危机所引发的全球金融危机,不只使全球资本市场发作了严重的动乱,由此所引发的需求削弱,也使得世界主要汽车业市场的汽车销量均出现了大幅度的下降。

汽车业是美国经济的脊梁和美国工业的带头羊,有"汽车业开动,美国便前进"之说。而由于全球化引来了"外敌"入侵,美国汽车业公司不断失掉市场份额,但外国汽车公司同时也带来了资金、技术和管理经验,并且提供了新的工作岗位,这使得美国成为全球汽车制造中心。现在,美国的汽车业更加繁荣,但不再是由于底特律美国汽车公司的力量,而是外国汽车制造商使美国汽车制造业走向复苏,并把美国变成了全球汽车制造中心。一个来自欧洲和亚洲的激烈竞争浪潮,正在促使美国汽车业从制造到设计发生意义深远的变化。

4)日本汽车发展史

日本汽车制造业的开山者应是吉田真太郎,1904年他成立了东京汽车制造厂,三年后制造出第一辆国产汽油轿车"太古里1号"。随后日本国内出现了众多汽车制造厂。出于军事的需要，政府颁布了《军用汽车补助法》，对汽车厂商进行扶持，这成为早年日本汽车业发展的原动力。

第二次世界大战结束后，盟军司令部曾下令日本全面禁止生产汽车，但没有得到执行，丰田、东洋工业、富士重工都推出了自己的新车型。但在20世纪50年代前期，美国、欧洲生产的汽车充斥日本汽车市场，大有泛滥的趋势。特别是欧洲生产的小型廉价汽车，对处在半毁灭状态的日本汽车工业构成了致命的威胁。当时的日本政府为了保护本国汽车产业，对进口汽车征收高达40%的关税（本项关税于1978年废止，其后直到今天日本对进口汽车全免关税），同时严格禁止外国资本渗透国产汽车工业。而一些小的汽车厂家为了生存，纷纷采取与国外厂家连手搞"事业合作"或"技术合作"，唯有丰田依然靠自身力量开发生产国产轿车。

1960年，日本汽车年产量仅为16万辆，远远低于同时期美国和西欧各主要汽车生产国的产量。然而仅仅过了7年时间，日本汽车年产量就奇迹般达到300万辆，超过欧洲各主要汽车生产国，跃居世界第二位。到1980年，日本汽车年产量达到1100万辆，超过美国坐上了世界汽车生产的头把交椅，日本终于成为美国和欧洲之后世界第三个汽车工业发展中心。

1955年，日本通产省公布了发展国民车的大胆构想，他们提出鼓励企业发展一种供日本老百姓使用的微型汽车的计划。当时通产省的设想是：要求企业设计生产出一种质量400公斤以下，时速100公里以上，能乘坐4或2人并可以同时携带100公斤货物，发动机排量350～500毫升，行驶10万公里无大修的汽车。而且这种汽车生产成本要限制在15万日元以下，售价25万日元以下。通产省要求各汽车厂家都来投标，然后评选出优秀车型，政府给予帮助。国民车构想发布后在日本国内引起极大反响，各大汽车公司竭力想在这场竞争中分得一杯羹。当时，日本人均生产总值尚不足300美元。

1965年，名古屋至神户高速公路的开通揭开了日本公路交通高速时代的序幕，日本称1966年为其普及轿车元年，也即轿车进入普通家庭的起始年。日本当年的基本情况是：人均国民生产总值1000美元，人均国民生产总值与一辆小型或微型轿车价格之比为1比4，全国年销轿车达74万辆，其中约一半为私人购买，该年轿车普及率达28辆/千人。从此以后，日本即进入高速普及轿车时期。自此日本掀起了爆炸性的汽车普及狂潮，极大了拉动的汽车消费，1967年日本即超过德国而成为第二大汽车生产国。

20世纪70年代世界发生两次石油危机，油价的提高使人们对汽车的兴趣大减，欧美汽车生产厂商纷纷减产，而这时日本却以其小型轿车油耗低的特点博得了消费者的青睐，三年时间里日本汽车出口量翻了一番，达到200万辆。与此同时，日本汽车进口量始终保持很低的水平，1960—1980年间，日本汽车年进口量最高不超过6万辆，最低的年份只有1万辆。日本凭借着汽车国内销售和出口量双高速增长的现实创造了世界汽车工业发展的奇迹，丰田、日产、富士重工、铃木等公司迅速成为世界级的汽车生产厂，丰田公司在1972年到1976年四年间就生产了1000万辆汽车。1980年，日本汽车总产量达到1104万辆，超过美国而成为世界最大的汽车生产国和出口国。由于大量对美出口给美国带来了巨额贸易逆差，从1980年起年年都发生的日美汽车贸易摩擦成为影响日美关系的重要因素，而丰田、本田、日产等汽车厂商为了免受影响，纷纷把生产基地搬到美国本土。

2.1.2 欧美国家汽车业国际化竞争的经验启示

这里以欧洲主要汽车产业大国——德国为例来说明其企业国际化竞争的经验做法，那就是大力研发电子技术和可替代燃料，且在这方面技胜一筹。

2011年，德国汽车业的电子技术在整车的比例约为40%。现在高档汽车中电子、电器已占近半，汽车电子技术比例的增加，满足了用户日益增加的个性化要求，促进了市场销售。当前高档系列轿车里，卫星定位导航系统逐渐成为标准配置，而且比例迅速上升，2005年德国已经有600多万辆汽车安装了卫星导航系统[99]。

德国汽车业另一重点是正在进行新一代发动机技术和替代燃料的研究，旨在提高发动机性能、减少二氧化碳等有害气体排放及噪声污染。随着柴油发动机技术进一步成熟及新型微粒过滤器的使用，柴油汽车的生产和销售有进一步大幅增加的趋势，各大汽车生产厂家均提高了柴油汽车的生产比例。德国汽车生产厂家在摆脱石油的战略中首次走到一起，为共同的未来进行紧密合作，研究和开发石油替代燃料及相应的发动机，在生物燃料、混合燃料及燃料电池技术及相应发动机技术方面取得了一定的突破。

2.2 日韩国家汽车业国际化竞争历程及其经验启示

2.2.1 日韩国家汽车业国际化竞争历程

1）日本汽车业国际化竞争历程

日本交通运输行业发达，已形成以海运为主，海、陆、空密切结合的现代化交通运输体系。国际航运中，货运以海路运输为主；客运以航空运输为主。国内客运以铁路运输和公路运输为主；货运以公路和海路运输为主。日本拥有庞大的海洋船队，与世界各地都有航线相通。著名的海港有东京、横滨、名古屋、大阪、神户等。

20世纪60~70年代，日本汽车业凭借小型、经济的产品进行差异化竞争，并且趁美国陷入越南战争无暇顾及汽车等工业产品市场之机，在美国市场成功立足，完成了第一次国际化的重大跨越。现在回过头来看，这次跨越既具有国家意义更具有世界意义，因为它成功地经受了1973年爆发的全球性石油危机的考验。从那时起，日本汽车业在全世界市场逐渐拥有了全球竞争的优势地位。日本汽车产业是国际化产业，从发展之初就是这样，这既是由日本市场狭小决定的，也是特殊历史条件决定的。第二次世界大战后正式起步的日本汽车工业，一开始主要是为满足当地美国驻军及战后重建需要而生产，之后为朝鲜战场的所谓"联合国部队"供货。朝鲜战争结束后，日本最大的汽车生产企业曾尝试着向美国出口产品，但不久就退了出来。

进入20世纪80年代后，日本主要汽车企业纷纷掀起在本土以外市场建立生产工厂(含合资公司)的第二次国际化浪潮，发展速度令人吃惊。据统计，20世纪70年代，只有丰田在美国建立了一家汽车组装厂，本田在美国建立了一家摩托车生产厂；到20世纪80年代末，日本丰田、本田、日产、三菱、马自达、铃木等汽车公司，在全球各地建立了大批当地生产工厂。截至2009年，日本企业在北美拥有490万辆的生产能力，在欧洲拥有130万辆的生产能力；另外，在中国等亚洲国家(不含日本)，有超过700万辆的产能与日本汽车公司的品牌、资本或者技术交易相关联。

以美国市场为绝对的国际化发展重点，曾给日本汽车业带来巨大好处。首先，美国市场一直是世界最大的市场，尽管多次受石油危机等经济环境变化的冲击，但其需求始终有足够保证；其次，美国各项法规比较健全，对汽车产品质量的推动作用十分明显，日本企业只要在美国市场站稳脚跟，也就意味着在全球汽车工业领域站稳了脚跟；最后，美国市场的品牌效应明显。

在上述国际化汽车业生产格局中，日本企业发展的绝对重心是美国市场。在美国，日本企业建立的17家工厂中，只有3家是合资公司工厂，其余均为日本企业独资建立。1985年，日本企业在美国生产汽车29.7万辆，占日本企业本土以外产量的比例为33.3%；1995年，日本海外汽车产量达到556万辆，其中在美国的产量所占比例上升到39.8%；这样的比例一直延续到21世纪初。直到中国汽车市场崛起后，这种高度集中的局面才开始转变。2003年，日本在美国的汽车产量占全球海外市场产量的比例20多年来首次降低到1/3以下，为32.8%[100]。2007年，这一比例仍高达28.1%。

在此次全球性金融危机中，日本汽车行业虽然没有像美国三大汽车巨头那样遭受灭顶之灾，但也经受着有史以来最为严峻的重创。实践证明，一个高度外向型产业，其外向的目标又具有高度依赖性，那么必然要承担国际化进程中最高的风险,特别是在经济环境发生重大变化的时候。要想在下一次重大危机考验面前有能力从容应对,日本汽车工业必须对其过于倚重美国市场的国际化发展模式进行反思和必要调整。建立在规模经济平台上尽量做大的发展路径,曾经是日本汽车产业结构优化升级的重要成果,但也削弱了企业发展应有的专业化优势和市场反应能力,让其患上了"大企业"病。

日本丰田、日产、本田等公司,都选择了大规模发展模式。在几十年里,建立起了从最低端微型乘用车到高端豪华车的宽系列产品生产线。在长期稳定的市场增长时期,这种大规模、集团化发展道路,带来的是快速发展的果实。规模大意味着能够享受规模经济带来的好处,意味着企业在公众眼里实力强、品牌影响力大。事实也正是如此,从产量规模上看,它们在20世纪90年代后期就已跻身世界超大交通行业公司行列,整个日本汽车产业结构已被超大型集团所主导。

2)韩国汽车业国际化竞争历程

高速公路连接着首尔和各地的城镇,使人们在一天之内便可从首尔到全国任何地方来回一趟。首尔—仁川线(24公里)于1968年建成,是韩国第一条现代化高速公路。首尔—釜山线(428公里)于1970年完工,标志着韩国为扩大和现代化其运输网络所做的努力大大地向前跨进了一步。

韩国汽车工业大规模生产及实验性出口阶段是在1977年至1981年期间。从1982年至今,韩国汽车工业属于巩固出口基础及推进国际化阶段。汽车工业的大规模生产体制基本形成,以现代汽车工业为首的各生产厂家也把战略重点由国内转向国际市场。在这一阶段,韩国的汽车产业大规模进入国际市场,2004年出口数量就已达200多万辆,汽车产业成为韩国出口主导产业。

韩国在汽车工业发展的初期主要是采用技术引进的阶段,在这一阶段主要通过SKD组装方式生产,后来随着与丰田公司合作,开始了CKD独立生产。20世纪70年代,韩国进行战略规划,对技术领域主要采取吸收改进方式,并要求每个汽车公司选定一个车型开发出完全国产化的汽车产品。到1976年,韩国各汽车公司均不遗余力地培育自主创新能力,比较成功的是现代汽车公司,其主导产品为轿车和商用车,1974年开始,韩国现代公司引进日本三菱的发动机总成、变速器和后桥生产技术,同时请意大利设计公司设计造型和车身,这为现代公司的发展奠定了基础。从20世纪80年代韩国汽车工业进入自主开发阶段,韩国各汽车公司都把产品开发置于最重要的位置,强调要开发出韩国自己的轿车,并为之培训开发人员,大力开展与国外合作,投入大量开发资金建立起强大的产品开发机构。促使现代、大宇、起亚三大公司先后自主开发出多种车型,包括车身、底盘、发动机等各系统及各类零部件,这表明韩国的汽车工业已进入自主开发阶段。在韩国实现自主创新期间，企业依靠政府强有力的保护和支持，在相对封闭的条件下，通过兼并和快速扩张实现规模经济，通过技术引进和坚持不懈的国产化，发展出独立完整的民族汽车产业体系[101,102]，并以此为基础，创造了较好的国际化竞争条件。

2.2.2 日韩国家汽车业国际化竞争的经验启示

从21世纪初开始，日本一些企业接二连三地陷入经营困境，先是三菱汽车，接着是日产汽车，最近甚至扩散到了丰田这样在业界看来最优秀的企业。也正是从那时候开始，全球超大型汽车公司如通用、福特、克莱斯勒甚至大众等，也陆续出现罕见的连续亏损甚至巨亏现象，直到最新发生的美国“三大”中的“两大”进入破产保护程序事件，以及欧洲整汽车业被汽车零部件企业收购、超大型集团被小型公司控股、日本丰田出现70多年来首次亏损等一连串重大事件。将这些现象和事件串起来，我们或许有必要对过去一直占上风的尽量做大的发展道路进行否定性思考，也许需要把应对缓慢增长甚至饱和市场竞争的注意力更多投向专业化发展思路上。

规模大，在增长的市场环境下能够获得规模经济效益，但长期增长的市场环境也给大企业造成了这样的错觉：超大型汽车企业是依靠自己的规模实力赢得竞争的，并默认为这个实力可以长期依赖，从而长期忽视专业化发展战略。在大的危机面前或在饱和市场、滞涨阶段，极易导致因超大规模带来的掉头难、反应迟钝从而丧失自救的先机；极易导致因超大规模累积起来的风险的加速释放和快速放大效应；导致企业发展前功尽弃，难以自拔。

日本丰田汽车公司前社长张富士夫曾经这样说：“丰田生产方式是一场意识革命。”麻省理工学院给出的定义是：“确切地说，丰田生产方式就是精益生产方式，是一种不做无用功的精干型生产系统。”[103]不管怎么说，丰田生产方式创造出的低成本优势是公认的。按照美国著名经济学家迈克尔·波特的说法，企业只要有能力长期维持低成本，其低成本战略就能够形成重要的差别优势，通过低成本抵消拥有差异化对手的优势以赢得市场竞争。

当将这种生产方式放在全球汽车市场背景下观察的时候，可以发现，丰田生产方式产生和发挥作用的产业背景与持续增长的大市场是紧密关联的。深入研究世界汽车工业发展的历史不难发现，在世界汽车工业发展的百余年历史中，尽管跨国公司也都遭遇过各种各样的大萧条、大危机，但都能够挺过去，其根本原因在于企业面对的市场环境总体是增长的。产生于高增长市场环境中的日本汽车工业生产模式，在国际经济环境急剧变化、国内市场已无增长空间、美国和西欧等成熟市场趋近饱和的新形势下，迷信精益生产方式造就的成本优势，已经不能赢得由那些拥有差异性竞争优势的对手带来的竞争。可以说，丰田生产方式的成功是以大量销售、稳定增长的市场环境为基本前提的。在这样的前提下，精益生产创造的低成本优势，以及由此转变而来的产品竞争优势，构成了日本汽车工业优势的核心基础。一旦这样的前提或基础不复存在，那么丰田生产方式的效果将大打折扣。在应付本轮全球金融危机冲击中，丰田及其他日本汽车企业的表现，可以从另一个方面作出证明。

从总的来说，日韩汽车业国际化竞争的成功无不得益于政府，特别是韩国。在韩国汽车工业的发展过程中，政府对本国市场和企业给予了多方面保护。政府通过各种补贴和优惠措施，降低本国汽车业的生产成本，鼓励本国的汽车出口。从1962 年到 1990 年，韩国对其汽车工业发展颁布了一系列有关扶植法规政策。与此同时，设置各种关税和非关税壁垒限制国外的汽车进口，使本国的汽车业免于国外的企业竞争压力，同时大力扶植企业“走出去”，从而取得了较好的成绩。

2.3 发达国家汽车业国际化竞争的经验总结及其启示

2.3.1 发达国家汽车业国际化竞争所取得的成果

随着全球经济一体化进程的发展及技术进步的加快，特别是近年来汽车业全球化进程的深入，发达国家汽车业在竞争发展中取得了很多的成果，具体表现为如下几个方面：

(1)汽车市场逐渐由发达国家转向发展中国家。在发达国家汽车市场逐渐饱和，以中国、马来西亚、泰国、匈牙利、巴西等国为代表的发展中国家，以其庞大的人口和较快的经济增长为基础，近年来使其汽车市场发展迅速，成为新的世界汽车市场。全球汽车市场的重心逐渐由发达国家向发展中国家转移，并以这些地区为转移重点。

(2)汽车生产企业通过世界范围内的集团化改组、兼并，形成了新的汽车产业格局。20 世纪末和 21 世纪初，世界汽车产业经过一系列全球范围的改组、兼并、联合，逐步形成了较为稳定的“六加三”格局(通用、戴姆勒 - 克莱斯勒、福特、丰田、大众和雷诺-日产六个集团，本田、宝马和 PSA 三个独立公司)。当前国际汽车业面临的普遍困境，也预示着汽车业版图有可能再次发生大的改变，也即是原有的世界汽车产业竞争格局可能被打破，新的汽车产业格局正在逐渐形成[104]，而国际汽车业的新版图、新格局格外引人关注。

(3)资源配置全球化。随着汽车市场逐渐向发展中国家的转移，发达国家的汽车业纷纷采取跨国投资办厂的经营模式，这些跨国公司的子公司或者合资公司为当前的产业链全球性配置提供了基础。世界各个地区性贸易组织逐步扩张，地区和国家间关税壁垒逐步打破，逐渐由过去在一个地区转为在全球范围内进行产业链资源的最优配置，缩短了产品的研发周期和新产品的投放周期，使自身竞争能力得以提高。

(4)系统集成和模块化生产成零部件企业技术进步的竞争趋势。网络采购保证了企业可以及时地了解市场当中消费者的需求与偏好，以适时调整自己的产品满足市场需求，降低库存成本，减少以前常常出现的过时产品积压现象。零部件企业技术进步加快，系统集成和模块化生产成为新的发展方向[105]。在传统零部件企业数量大大减少的同时，零部件的跨国公司迅速增加。新的分工协作模式推动了平台化战略的实施，最大可能地实现了零部件共享、系统集成和模块化生产。

(5)核心技术加快变革。当代汽车产业核心技术变革主要集中在汽车燃料和自动驾驶两个方面。传统的石油燃料给环境造成了难以挽回的破坏及石油资源日渐枯竭的形势，使得寻找新的绿色能源成为全球汽车产业技术变革的努力方向。目前汽车替代燃料技术开发已经处于突破性阶段。另外，汽车功能的集成化控制正在实现，智能交通系统已开始建设[106]。

发达国家汽车产业在竞争发展中所取得的这些成果，奠定了全球化下国际汽车业新的发展基础，为新竞争格局、新技术方向、新市场开拓的确立创造出较好的条件。

2.3.2 发达国家汽车业国际化竞争的成功经验

可以看出，随着全球经济一体化进程的不断加速，汽车业也出现了很多不同于以往的发展趋势。从这些发达的汽车强国的国际化竞争历程可以得出以下值得借鉴的经验。

1)完善独立完整的技术体系

无论从美国、日本、德国这些传统的汽车强国来看，还是从后起之秀韩国都毫无例外地具有独立完整的技术品牌。如美国的福特、通用、日本的丰田、德国的大众、韩国的大宇等，而且随着信息时代的到来以及汽车周边技术的发展和消费者环境保护意识的不断增强，当前的汽车技术在向环保和电子化两大方面发展，而且在此过程中，汽车业强国充当着技术革命先头兵的角色[107]。

可以说，技术已成为汽车产业生命力的源泉，拥有自己的技术体系对于本国汽车产业的生存和发展具有重要意义。

2) 主动融入世界汽车市场

从国际汽车业强国发展历程看,它们都是在资本逐利性的驱使下积极寻求新市场,并逐渐融入世界汽车大市场。潜在需求大、经济发展迅速的发展中国家,近年来正成为它们新的目标市场,汽车业强国向发展中国家的销量不断增加。

我国汽车市场已经面向世界,且由于其庞大的消费群体和稳步发展的经济已成为汽车业强国拓展国际市场的首选。正因为如此,我国汽车市场必将成为世界汽车业相互竞争的主战场。

3) 坚持发展自主开发型模式

一国汽车业的发展模式按照技术和资金的自有程度可以划分为共同经营型、自主开发型和外资主导型三种发展模式[108]。从汽车业强国的发展来看,它们最终都采取了自主开发型的发展模式。美国在其发展早期,由于国际交流合作的欠缺以致市场并不开放,随着经济和其汽车工业的逐渐发展,美国汽车业开始向外扩张,在加拿大及欧洲等地区输出资金和技术,走上了自主开发型的发展道路。日本、德国、英国、法国以及意大利、韩国等国家的汽车工业,也都是在坚持自主开发的模式下发展起来的[109]。当前跨国公司的兼并重组是技术的相互借鉴与融合,也是企业间资金与物质的优化利用,是新形势下自主开发型发展模式的创新型。

4) 政府引导建立社会支撑体系

全球强大的汽车业生产国都有自己完善的汽车产业法律、法规体系,如欧洲在1958 年通过了《联合国欧洲经济委员会(ECE)汽车法规》《欧洲经济共同体(EEC)汽车法规》,美国早在20 世纪70 年代就通过了自己的《大气清洁法》《噪声控制法》《联邦公路安全法》《联邦机动车的燃油经济性法》[110]。汽车生产国还在政府的引导下,建立并不断完善自己的人才培训体系、汽车金融协调体系、咨询服务体系和技术支撑体系。这些社会支撑体系的建立与完善为汽车产业的发展壮大奠定了基础,保证了汽车产业的健康发展。

显然,各个发达国家汽车产业的成熟经验各不相同,但基本的情况却大致相同,而从企业角度来看,更多的是从较好的政治和经济环境获得益处,并结合自身情况快速实现发展,从而在国际化竞争中占得优势。

2.3.3 发达国家汽车业国际化竞争对我国的启示

发达国家汽车业国际化竞争的发展历程,能给正在快速发展的我国汽车业带来较多的发展启示。当前,我国汽车业实力还较弱,但面临着与国外知名企业国际化竞争的压力,在21 世纪初期乃至中期,我国汽车工业要想真正在世界上占有重要地位,就必须实现以下几个方面的转变:由国内市场为主逐步转变为国内国际市场并重;由国内配置资源为主,向在全球范围内配置资源转移[111];由汽车零部件开发生产弱国向全球汽车零部件生产中心转移;由重视从生产环节获得利润,向通过全价值链获得利润转移;由面向一个国内市场,向面向国际、国内两个市场转变。

在这个过程中,首先要认识到自主开发能力的重要作用。对于一个汽车制造企业,如果没有自己的产品开发能力,仅仅满足于做一个组装加工基地,一旦我国旺盛的市场需求减少,我国市场上汽车产品的价格、利润降低和劳动力成本逐步提高,那么我国就会走东盟某些国家走过的老路。技术是稀缺资源,跨国公司在全球寻找低廉的劳动力比技术资源的转移相对容易。比较欣喜的是,我国政府和汽车业都已将获得自主开发能力作为21世纪初期的主要战略目标。

其次,我国政府要高度重视汽车零部件工业的发展。只有具备了强大的汽车零部件工业,跨国公司才可能不断加大在我国生产与采购的比重,我国的汽车工业才可能在开放的进程中逐步成为世界制造中心之一。

我国的汽车零部件工业是我国汽车工业中相对薄弱的环节,但也是最有希望成为具有世界影响的环节。随着我国汽车市场的不断扩大以及我国汽车工业的快速发展,跨国公司把相应的生产基地向我国转移,把更多的车型、更多的汽车零部件转移到我国生产是可以预期的。我国汽车工业的零部件将更多地进入跨国公司的全球采购系统,我国的汽车工业也将成为跨国公司某些整车产品的重要加工生产基地。为了尽快实现这样的目标,我国的大型汽车企业要进一步推进转化,把自己的零部件厂变成面向全行业、进行系列化生产的专业零部件公司。

另外,我国汽车企业在新的、更加开放的市场竞争环境中应当重新考虑在全球范围内如何配置和利用资源,如何确定自己的发展战略、生产经营战略。

这里面需要指出的是,在国际化征途中,与中国本土的汽车公司存在诸多相似性的韩国汽车公司,在金融危机之后快速崛起的案例表明,中国汽车品牌进入欧美等发达市场仍有一条路径可以选择。

最后,政府对于汽车工业仍然要有适度的保护政策。近三年我国汽车市场产销发展迅猛,市场环境急剧变化,使我国汽车产业面临重组和整合压力,企业利润不断下降。这就迫使汽车业不断地适应市场变化,寻找新的利润增长,从而获得长足的发展。对于我国的汽车生产企业来讲,现实的可行之路就是必须迎合市场需求变化、提高服务水平、建立自主品牌、选择适合的销售模式,才可在更加激烈的竞争中寻求自身的发展。而在这个过程中,显然需要政府的保护政策。

根据前面的分析,可以得出表2-1,显然,这里的经验及其启示相对较为宏观,我国汽车业与发达国家汽车业具有不同的发展和成长之路,又面临着不同的国内外环境,因此,我国汽车业的国际化竞争之路并不能完全照搬照抄国外的情况,而必须走出一条适合我国自身情况的发展之路。

发达国家汽车业国际化竞争的经验及启示 表2-1

经　验	对我国的启示
1. 完善独立完整的技术体系； 2. 主动融入世界汽车市场； 3. 坚持发展自主开发型模式； 4. 政府引导建立社会支撑体系	1. 认识到自主开发能力的重要作用； 2. 高度重视汽车零部件工业的发展； 3. 重新考虑在全球范围内如何配置和利用资源； 4. 政府仍要有适度的保护政策

2.4 本章小结

本章介绍了欧美、日韩等发达国家汽车业国际化竞争历程，分析了它们的一些经验及其启示，并通过总结它们的这些共有的成功经验，进而为我国汽车业实施国际化竞争提供借鉴和指导。

本章的主要研究工作及成果包括：

(1)对欧美、日韩等发达国家汽车业国际化竞争历程给予了分析和总结，提出了发达国家汽车业国际化竞争的成功经验，主要是在坚持发展自主开发型模式以及完善独立完整的技术体系下主动融入世界汽车市场。

(2)结合我国汽车业实际，提出了一些能够借鉴的、国际化竞争的成功经验，主要有：由国内市场为主逐步转变为国内、国际市场并重；由国内配置资源为主，向在全球范围内配置资源转移；由汽车零部件开发生产弱国向全球汽车零部件生产中心转移；由面向一个国内市场，向面向国际、国内两个市场转变。

第3章　我国汽车业国际化竞争现状及问题

我国汽车企业与跨国汽车企业在各方面尤其是核心竞争力方面还存在较大差距。我国汽车业还不大、不强、不精，无论在生产规模、技术研发还是品牌、企业文化与管理等方面都还没有达到国际水平。不但无法与欧美等汽车业强国竞争，就是与近邻的日本、韩国也相距甚远。企业之间的竞争，归根结底是企业核心竞争力的竞争，只有具备了核心竞争力的企业，才能在激烈的国际竞争中获得竞争优势。

3.1　我国汽车业国际化竞争的现状

3.1.1　我国汽车业的发展历程

我国汽车业发展历程大致可以分成三个阶段：

第一个阶段，从1953诞生到1978年改革开放前，这个阶段初步奠定了我国汽车工业发展的基础，汽车产品从无到有。

第二个阶段，从1978年到20世纪末，这一阶段我国汽车工业获得了长足的发展，形成了完整的汽车工业体系，从货车到轿车开始全面发展。这一阶段也是我国汽车工业由计划经济体制向市场经济体制转变的转型期，这一时期商用车发展迅速，商用车产品系列逐步完整，生产能力逐步提高，具有了一定的自主开发能力，重型汽车、轻型汽车的不足得到改变，为轿车生产奠定了基本格局和基础，我国汽车工业生产体系进一步得到完善。汽车企业逐步摆脱了计划经济体制下所存在的行政管理束缚，政府通过引进技术、合资经营，使我国汽车工业产品水平有了较大提高，摸索了对外合作、合资的经验。

第三个阶段，是进入21世纪以来的时期，特别是在我国加入WTO后，我国汽车工业进入了一个市场规模、生产规模迅速扩大、全面融入世界汽车工业体系的阶段。

根据我国汽车工业协会发布的统计，2006年我国汽车产销双双超过720万辆，同比增长超过25%，成为总量仅次于美国、日本、德国的世界第三大汽车销售市场。2006 年我国交通行业的汽车产销 727.97 万辆和 721.60 万辆,同比增长 27.32% 和 25.13%,其中乘用车产销 523.31 万辆和 517.60 万辆,同比增长 32.76% 和 30.02%;商用车产销 204.66 万辆和 204 万辆,同比增长 15.25% 和 14.23%[113]。

3.1.2 我国汽车业国际化竞争的现状及问题

为了更加清楚地分析问题,这里将企业的国际化竞争分成国内和国外两大市场,从而能够更全面的说明我国汽车业的国际化竞争现状。

1)国际汽车业在我国的市场竞争现状

由于我国汽车消费市场的快速形成和发展,越来越多的汽车跨国公司把地区总部设在我国。2002 年沃尔沃公司决定其亚洲地区的总部设在我国,根据沃尔沃公司的全球战略,欧洲、北美、亚洲是其 3 大战略重点。亚洲地区的总部设在我国意味着沃尔沃公司在亚洲将立足于我国进行发展。2002 年 12 月 18 日,德尔福、霍尼韦尔等 8 家汽车零部件跨国公司通过了上海市外经委和外资委的认定,获得了在上海设立地区总部的认定书[114]。

20 世纪 80 年代以来,外国汽车企业向我国投资的情况越来越多。2002 年后我国汽车生产企业也开始向外国企业投资,合资方式也由双方变成了多方。如五菱、上汽集团、通用等汽车公司共同组成了新的汽车公司;东风汽车公司、广州汽车公司、本田汽车公司共同组成了东风本田和广州本田;东风汽车公司、江苏悦达汽车公司、韩国起亚汽车公司合资组成了“东风悦达起亚汽车有限公司”。到目前为止,我国已经形成了多家跨国公司分别与我国 3 大汽车公司合作的局面[115]。

当然,在合资企业中有些实际上是外资占有控股地位,如“东风悦达起亚汽车有限公司”中,东风汽车公司占 25% 股份,江苏悦达汽车公司占 25% 股份,韩国起亚汽车公司占 50% 股份。

跨国公司在 2002 年后纷纷宣布了它们在我国的战略目标。丰田、本田公司把服务 10% 的我国市场作为其战略目标;日产计划 2004 年在我国销售 30 万辆汽车;大众和通用则把我国市场作为他们最重要的利润来源之一,力图保持已经具有的优势;比较晚进入我国市场的马自达公司也宣布,我国是其“新千年计划的重要部分[116]”。显然,我国市场已成为国外知名汽车厂商国际化竞争的重要目标区域,我国本土的汽车业国际化竞争将日趋激烈。

2)我国汽车业国际化竞争的发展现状

我国民族汽车产业的国际化,尤其是自主品牌汽车工业的国际化是汽车工业进一步发展的必由之路。事实上,我国的汽车产业已进入到国际化进程之中。

从资本市场看,我国汽车行业与国际上各大汽车业及零部件制造商相继建立了800多家合资企业,累计资本约960亿美元,占全国汽车工业资本总额的50%左右。今后几年,随着中外合资企业的发展,合作领域还将扩大。

从技术市场看,我国的入世和市场更加开放,为汽车工业提供了多种技术创新的途径。在过去成千项引进技术的基础上,通过委托设计、联合设计、合作开发以及集成创新等多种方式,使先进技术能够通过各种渠道进入我国汽车技术市场。同时,通过海外设立技术公司,我国各汽车企业的技术已走向世界。

从产品市场看,近几年,国际著名的汽车业零部件集团相继在我国加大了采购力度和建立采购基地。在全球排名前100位的汽车零部件供应商中,有70%以上已经在我国开展业务,采购金额逐年递增。汽车出口近几年来呈现逐年增长的趋势,2004年,我国汽车业产品出口金额达到81.56亿美元。其中,出口整车(含成套散件)40.60万辆,金额7.79亿美元;出口的汽车关键件12亿美元;出口的汽车零件61.76亿美元。比2003年的47.1亿美元净增34.46亿美元,大幅增长73%,远远高于同年进口增长13.1%的幅度。2007年汽车出口量超过60万辆,达到61.27万辆,同比增长78.95%。即使在金融危机的2008年1~10月,汽车仍累计出口60.88万辆,同比增长29.83%,总量与上年全年大致相当,出口金额83.78亿美元,同比增长52.92%,与上年全年相比,净增10.66亿美元。我国汽车产品市场开始与国际市场形成了"你中有我,我中有你"的发展格局[117]。

显然,国际化已成为汽车业发展的新动力。我国要跟上世界汽车市场国际化的步伐,就要在更广泛的领域里探讨、汲取世界各国的发展经验,并不断拓展与世界同行的交流领域。可以说,汽车产业国际化是积累的过程,而国际化则要立足于本国和自主品牌。

近六年中,汽车业不断通过合资、合作以及并购、上市等多种形式提高了行业的总体水平和企业的竞争力,企业实现资本国际化和投资主体多元化的步伐不断加快。日本的丰田、本田、日产、韩国的现代、欧洲的宝马及戴克等大的汽车集团都是在21世纪初的六年间进入我国的;东风汽车集团在境外实现上市;上汽、南汽已经开始国外并购;奇瑞、吉利、长城、宇通、金龙等自主品牌汽车公司在海外设厂的计划正在实施中。汽车业服务贸易领域,特别是在汽车业金融领域,一批独资及中外合资的公司已经开始运营。

近些年的合资合作使国内汽车业积累了经验、技术、人才和资金。奇瑞、吉利等企业实现了从完全模仿到正向开发再到自主创新的跨越;一汽、上汽、东风三大轿车支柱企业近几年逐步加强力量开发自主品牌。我国汽车工业的自主创新已经从单项技术和产品创新向集成创新和创新能力建设方面发展。

在国际化大背景下,我国在全球汽车产业格局中的地位加速提升,且明显呈上升趋势。一项统计表明,2009 年前 5 个月,我国汽车生产累计增幅高出 10 个百分点,结束了 2008 年下半年以来的低增长局面,可以看出我国汽车产业经历了一个从下降通道中急速拉升产量的过程。2009 年全年,我国经济增长明显快于全球经济,扩大内需的积极财政刺激政策和适度宽松的货币政策,加上我国汽车市场消费正处于成长阶段,使得汽车消费需求巨大而持久。2009 年全年我国汽车销量同比增长 10% 以上,汽车销量达到了 1000 万辆。这种提升不仅是在销售数量和质量方面,而且体现在安全性能上。中国汽车技术研究中心公布的 2008 年测试结果表明在新能源汽车领域,自主品牌企业经过多年努力,在纯电动汽车和混合动力汽车方面取得了重要进展,初步具备了产业化推广的条件[118]。随着我国新能源政策的加力,近年来,我国新能源汽车研究取得了长足进展。随着汽车动力电池技术的突破,我国电动汽车迎来了加快发展的机遇,纯电动汽车、充电式混合动力汽车和普通型混合动力汽车的发展已提上日程。

但需要指出的是,我国汽车产业的国际化现在还主要是内化,也就是说我们的国际化特点是把世界的跨国公司、先进的企业请到我们国家来。正是国内外汽车的同台竞技,使得我国的国际化水平很高,几乎所有世界一流的企业在我国都有合作的工厂,全世界一流的产品在我国市场都有销售。但是,内化的国际化是远远不够的[119],我国汽车产业的国际化还需要外化,需要走出去。

走出去参与国际化竞争这是成功企业的发展经验,回顾金融危机以来,国际化水平强的汽车公司在这次金融危机中表现尤为突出。譬如德国的汽车之所以能够经得起这次金融危机的考验,并且在危机之后技术、产品、管理、经济状况都表现出一流的水平,除了它们重视科技、创新、管理等外,最重要的是德国的企业国际化水平高;对比一下,美国企业表现则不尽如人意。美国汽车衰弱的最重要原因是,美国汽车产业也是国际化内化高于国际化外化;日本企业的国际化水平和德国企业相比也稍逊一筹,原因就是它们的国际化不全面,其重点市场是北美,一旦市场遭到重创时,日本企业必然受到很大影响。我国汽车产业必须全面国际化,只有国际化以后,我国的汽车产业才能够由大变强。

随着我国汽车国际化竞争意识的增强,我国汽车出口情况进步较快。2010 年我国汽车已出口到 189 个国家和地区,出口额位列前三位的为阿尔及利亚、伊朗和越南,分别为 6.06 亿美元、4.81 亿美元和 3.55 亿美元。在出口最多的前十个国家中,俄罗斯、智利、巴西及秘鲁的出口增加量较多。尤其是向俄罗斯的出口量,在经历了一段时期的低谷后,重新出现快速增加趋势,其中以轿车出口增加最快。

3)我国汽车国际化竞争的问题

虽然我国汽车提高了国际化竞争的进程,并取得了一定的成绩,但国际化竞争中所面临的一些实际问题却较为明显。

(1)国际化竞争的产品基本集中在低端,造成出口价格相对低廉,并造成国内同类企业在国际市场的竞争加剧,利润率减少,同时,过度价格竞争会给其他国家针对我国汽车产品的反倾销制造借口。

(2)人民币兑美元汇率不断上涨,给汽车出口企业造成巨大压力。虽然部分产品能够通过提高生产率及合同条款的制定来消化吸收,但是汇率的波动使出口企业难以把握,只能通过出口汽车的美元价格上涨释放出来,最终削弱价格竞争力。

(3)对大多数汽车出口企业而言,海外市场的售后服务和备件供应等服务支持网络的建立,成为制约汽车产业走出去的瓶颈,尤其对于一些刚刚进入的新市场,是企业面临的现实问题。

(4)走出去参与国际化竞争的主要市场仍集中在东南亚、非洲和中东等地区,欧美等发达汽车市场的出口相对较少。其主要原因是发达国家市场的排放标准、安全标准等较高,市场开拓面临众多困难。特别是一些国家的认证壁垒较高,如果仅仅依靠单个企业去做,耗时长,程序繁杂,费用高。这需要我国政府与国外政府加强合作,争取整车认证的相互认可。

当然,近年来随着汽车企业对高端市场的重视,个别企业已经取得了新的突破,部分国产新核心技术已赶上发达国家,向欧美等国家的出口也有望逐年增加。

3.1.3 我国汽车业国际化竞争的成功案例

这里选择两家自主品牌汽车,总结其以取得的国际化竞争的成功举措,从而来说明我国汽车业国际化竞争中较成功的一面。

1. 奇瑞汽车公司

在我国汽车工业“引进来”“走出去”的发展战略中,占据国产汽车出口份额40%的奇瑞汽车无疑承担了自主品牌发展的更多责任[120]。

奇瑞有着对成功的强烈渴望,有着敢想敢干的精神。1997 年,当奇瑞的厂区还是一片荒地和鱼塘时,作为企业领路人的尹同跃在四面漏风的小草房中和同事们畅谈,热议有一天奇瑞能够走出国门,让外国人见识中国人自己造出来的好车。2001 年,奇瑞轿车终于走上了国家机械局公布的车辆生产管理目录,领到了“牌照”的奇瑞正式开始对外销售汽车。这一年,这个刚刚生产汽车一年的小企业做了一件让全国汽车业都瞪目结舌的创举。2001 年 10 月 27 日,第一批 200 辆奇瑞轿车经天津港出口叙利亚，奇瑞汽车竟然实现了中国汽车出口“零”的突破。

自主研发生产的汽车卖到了国外，成为我国汽车外销的第一单，很快，奇瑞就创造了一项新的历史纪录，奇瑞出口了中国第一个汽车整装厂，开始在国外建立生产基地。从2001年7月起，经过对方9次实地考察，奇瑞公司与伊朗SKT公司在2001年年底确立合作关系。SKT公司是伊朗两家汽车制造厂的主要零部件配套生产厂家。在对奇瑞公司进行系统考察后，SKT公司完全看好奇瑞公司的发展前景，决定借助奇瑞公司的实力开始向汽车整车业发展。经过一年多的报批、审核，此项目于2002年年底获得伊朗政府的生产销售许可证，这也是近20年来伊朗政府第一个批准建设的整车项目。2003年2月，奇瑞在伊朗东北部马什哈德省为SKT公司建立一个汽车整装厂，包括冲压、焊装、涂装、总装四大工艺。值得一提的是，奇瑞出口的这个整装厂以中国自主生产的设备为主，第一次把中国制造的车间都搬到了国外。在伊朗合作建厂的项目成功实施后，奇瑞又在委内瑞拉和巴基斯坦以CKD方式合作建厂，把更多的奇瑞汽车“开”出了国门。

2007年8月22日，借第100万辆车下线之势，奇瑞进入企业发展第二阶段，即继续坚持开放创新，打造自主国际知名品牌。

奇瑞董事长尹同跃常说，无内不稳，无外不强。内，就是国内市场；外，就是时时憧憬的国际市场。没有国内市场，企业稳定不了；没有国外市场，算不上大企业、强企业。当时，在国内销售奇瑞已进了前四强，并坐稳了民族支柱品牌第一把交椅。此时奇瑞开始全力向国际市场进军，接受发达国家市场的检验。奇瑞凭借自己的产品实力迅速抓住了俄罗斯、马来西亚、中欧和南美几大市场。奇瑞提出“出口第一”这样的口号时，许多人还认为它是不知道天高地厚。可是作为奇瑞海外主销市场之一的埃及，竟然还出现了争相购买奇瑞轿车的现象。

俄罗斯拉达汽车公司，是该国生产规模最大的汽车厂，俄罗斯70%的汽车都是那里出产的。拉达汽车和奇瑞合作日渐密切，越来越多的俄罗斯汽车开始装上“中国心”。随着奇瑞的发展，其发动机的技术含量越来越高。

作为独立自主的企业，到了2008年，奇瑞的国际化思路日益清晰：通过与国外整车产业的合作提高奇瑞整车口碑和质量信誉，为单独进入发达国家市场奠定基础。奇瑞仅在2008年第三季度的合资项目就很繁多，包括美国的克莱斯勒、量子公司，欧洲的菲亚特，伊朗最大的汽车集团IRANKHODRO等，且哪个合资者的分量都不轻，这还不包括在零部件领域与奇瑞牵手的诸多世界500强公司。

纵观整个奇瑞的合资历程，我们可以发现其纷繁的合资项目让人感觉有点“乱”。一方面是合资的对象很多，而且各个对象的来头都不小，几乎都是世界500强企业；另一方面就是双方合资的模式也不尽相同。一系列看似有点“乱”的合资背后,奇瑞国际化战略版图正呼之欲出。可以说,在竞争激烈的国际市场,奇瑞正在运用多种手段和方式进行自己的"圈地"运动。在奇瑞内部有一个计划,在2010年将设立14家海外工厂,出口将超过60万辆。奇瑞汽车在保证国内市场份额的同时,也在不断提升国外市场份额。目前,在东欧、南美、东南亚、中东、非洲等80多个国家和地区,驰骋着奇瑞生产的汽车;在俄罗斯、乌克兰、埃及、泰国、乌拉圭等14个国家已经建成了奇瑞的15个海外工厂。走出国门的奇瑞不仅给当地人民带去了中国产品,还带去了中国技术、品牌和文化。

2009年,奇瑞旗下新研发的威麟X5代表中国制造在国际赛事中精彩亮相。两辆威麟X5报名参加了达喀尔拉力赛。在这项世界上最艰苦的知名赛事上,第一次出现了中国赛车的面孔。威麟X5不仅完成了全程比赛,还在140辆参赛赛车中超过众多世界知名赛车,最终以第28名、第29名的不俗表现,给奇瑞汽车交了一份满意的答卷。这是中国汽车有史以来在世界竞技场上的最好成绩,以奇瑞为代表的中国汽车品牌随即受到全球的关注。对于一个对国际市场有野心的汽车企业来说,通过参与国际赛事提升企业品牌,是很好的机会。通过汽车拉力赛,不但可以找出自身与对手之间的差距,还可以利用赛事检验自身产品的性能和技术。

奇瑞在国际化竞争的市场中已经进入"深耕"阶段,无论是注重团队建设、提升管理效率,还是强化营销、服务水准,奇瑞都把国内市场的成功经验全部延伸到海外市场,并不断进行创新发展。可以说,奇瑞海外战略的不断推进,将是"中国创造"成功走向世界的开始。如今,奇瑞汽车已经在海外显示出自主品牌的巨大魅力,创下了总计37.8万辆的出口量和连续7年中国汽车出口第一的业绩。可对于志在实现中国汽车工业强国梦的奇瑞汽车来说,这一切只代表过去,奇瑞的目标是要成为"具有国际化远见的、技术先导的、值得信赖的中国汽车品牌"。为了这个目标,所有奇瑞人正在努力着。

2. 吉利汽车公司

2008年国际金融危机以来,全球汽车格局发生了重大变化。这为吉利提供了不可多得的历史机遇。2009年3月,吉利闪电般收购全球第二大自动变速箱公司——澳大利亚DSI,吉利100%控股,被业界誉为金融危机中汽车行业最成功的收购案。吉利全资收购DSI后,彻底改变了DSI的商业模式,它不再是个游离于主机厂之外的变速器厂,吉利将成为它永远的伙伴,吉利产品至少可以占到它60%的销量。DSI被收购后的第5个月,就扭亏为盈。由于它的产品既有前驱又有后驱,既有四速又有六速,所以国内很多企业对它都很感兴趣,它在中国市场的前景将非常乐观。

吉利并购DSI的战略意义在于:第一,拓宽了吉利自动变速器的产品线;第二,可以改变中国轿车行业自动变速器产业空白的局面；第三，DSI 大部分的零部件在中国逐步实现本土化采购，带动了中国汽车行业自动变速器产业的发展和相关产业的发展。目前我们已经在中国准备设立三个 DSI 变速器工厂，把澳大利亚技术运用到中国市场上来。

2010 年 8 月 2 日，吉利与福特正式交割世界豪华汽车品牌之一的沃尔沃轿车，吉利 100% 控股，创造了中国汽车工业并购史上的又一个奇迹，收购沃尔沃对于吉利乃至中国汽车工业历史具有里程碑的意义。吉利收购沃尔沃轿车 100% 的股权，得到了非常宝贵的资产，包括沃尔沃商标的全球所有权和使用权、10 个可持续发展的产品及产品平台、4 个整车厂、1 家发动机公司、3 家零部件公司、3800 名高素质研发人才的研发体系、分布于 100 多个国家 2 千多个网点的销售、服务体系及 1 万多项专利和专用知识产权等。

同时，吉利建立了国际战略导向的营销体系，制定了未来五年的国际商圈战略规划，吉利俄罗斯、印尼 CKD 组装生产顺利下线，为吉利海外战略目标实现积累了经验，奠定了基础。

据统计，吉利 2007 年到 2010 年的出口量超过 10 万辆，位居国内汽车出口量前列。目前，吉利在海外已拥有 400 多家的销售服务网点，其中包括数十家 4S 店，分布在俄罗斯、乌克兰、古巴、土耳其、叙利亚、埃及等国外 50 多个国家和地区。

回顾过去展望未来，吉利控股集团两个汽车公司吉利和沃尔沃拼搏进取，以尽快把吉利控股集团打造成一个具有国际影响力和全球竞争力，受人尊敬的世界 500 强企业。吉利努力实现让吉利汽车走遍全世界，参与全球汽车产业的竞争。全体吉利汽车人正在推动吉利汽车旗下品牌的快速发展，全面引进全球最高水平的装备和设备，全面采用最先进的生产工艺，推动吉利汽车产品更快、更全面地接轨国际先进标准，实现全面领先的战略目标。

在战略规划方面，建立国际化、全球化的企业发展战略、品牌战略和产品战略及全球化的采购、供应、物流、营销、服务、质量管理、人力资源、信息化管控等系统建设；重点以六大新兴经济区、十大发展中国家和地区为重点市场，积极准备进入欧美等发达市场，并通过兼并、重组、合作等方建立以整车为主、CKD、SKD 为辅的全球生产、销售、服务网络，实现全球研发、全球制造、全球营销[121]。

在技术研发方面，以“贴近市场、设计前移；强强合作、提高效率；同步监理，保障品质；多轨开发，竞争选优”为行动纲领，继续加大新能源汽车技术、汽车智能化技术、汽车安全技术、节能环保技术的研究及合作应用，把安全技术打造成吉利汽车的鲜明特征，确保新车型项目、动力总成项目以及 DSI 自动变速器的各匹配项目等研发项目按计划顺利完成。

在经营管理方面,充分利用现有资源,把提高单位产能、提高工艺水平、提高自动化机械化程度、减轻工人劳动强度、保障质量、降低制造成本、物流成本、提高劳动生产率、提高投入产出比为主要调整方向。着力推进五个"打造"工程,即打造品牌线利润中心管理模式,为集团200万辆产销拉开管理框架奠定组织基础;打造经营体管理模式,建立精细化的独立核算单位,全员参与、自主成长,依靠全体员工的智慧和努力实现企业飞速发展;打造一个充满生机、有竞争力、团结合作、可持续发展的汽车公司;打造一个"人人是老师,人人是学生"、管理民主、人格平等、相互尊重、充满正气的企业环境;打造一个依法、合规、公平、透明的企业文化。坚持"一次做对"的全流程质量预防理念,紧紧围绕"市场、现场、供应商"三个中心环节,进一步完善质量透明化管理与激励体系;加强过程控制、后期审计制度,推进内控体系建设,争取在三年内成为中国香港上市公司"最佳企业管治"评级,在品质方面取得新突破。

在人力资源方面,认真做好全球化人才体系规划,外部招聘、内部培养和学校输送相结合,建立人才成长梯队;充分利用吉利得天独厚的教育资源,围绕产、学、研协同全面建设内生型人才培养体系,建立人才库,打造吉利的人才森林;营造"快乐人生,吉利相伴"的宜居氛围,实现高平均工资、低人工成本占比、低人事费用率,为集团发展战略的实现提供人才保障,塑造吉利最佳雇主品牌形象[122]。

3.2 基于AHP分析法的我国汽车业国际化竞争力评价

在参与国际化竞争中,必然需要考察一个企业的国际化竞争力情况,从而能够评价该企业与其他企业的差距,找出该企业国际化竞争中所存在的实际问题。本节通过建立国际化竞争力的AHP分析评价模型,从而为我国汽车业的国际化竞争力状况提供合理的评价方法。

3.2.1 汽车业国际化竞争力AHP模型构建

根据汽车国际化竞争力的定义、汽车生产特点以及对国际汽车市场发展趋势的分析,并参考部分业内专家的意见和建议,本书将构成汽车业国际化竞争力的要素划分为6个部分,分别是:市场竞争力、生产竞争力、人才竞争力、科技及创新竞争力、资本竞争力和管理竞争力。

其中,市场竞争力用来反映汽车业适应国际汽车市场,获得市场认可,并不断扩大其市场份额的能力;生产竞争力用来反映汽车业在生产效率、技术装备等方面所具有的优势;人才竞争力用来反映汽车业所拥有的人力资源在技能、经验、知识化水平等方面具有的相对优势;科技及创新竞争力用来反映汽车业在技术开发、应用及生产方式创新等方面具备的相对优势;资本及财务竞争力用来反映汽车业在资本储备、融资、资金运用以及运用资本盈利等方面的竞争优势;管理竞争力用来反映汽车业在项目及企业管理、资源整合、风险规避等方面体现出的相对优势。

对应六大要素,这里筛选出21个分项指标用以反映汽车业国际化竞争力表现,具体见图3-1。

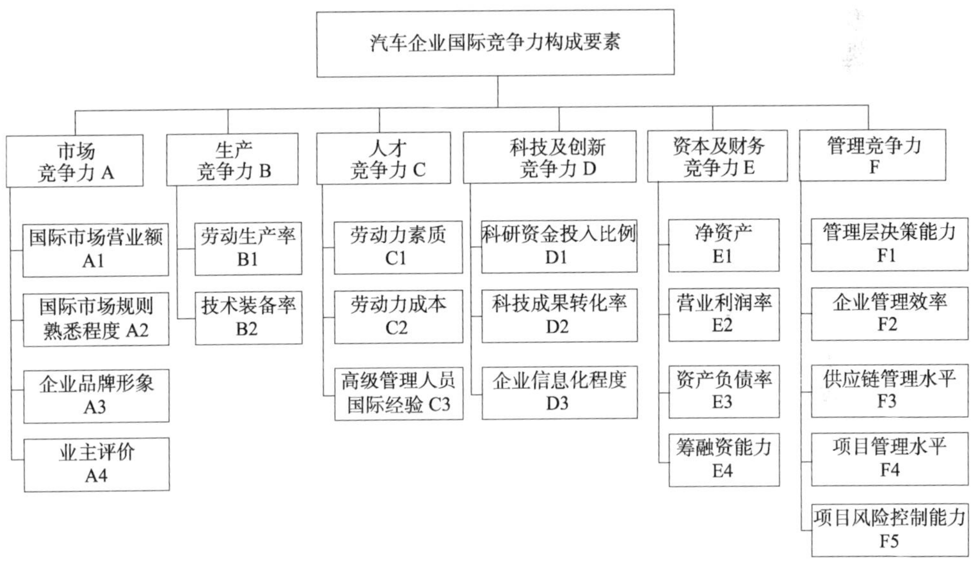

图3-1 汽车业国际化竞争力AHP分析模型

汽车业国际化竞争力的要素及分项评价指标中,既有定性指标,也有定量指标,为了便于对这些指标进行比较,这里构建一个AHP层次分析模型。该模型包括三个层次,第一层次为汽车业国际化竞争力,第二层次为上述提到的6个要素,第三层次为各个要素所对应的分项指标,该AHP层次分析模型如图3-1所示。

3.2.2 模型计算与指标分析

根据已经建立好的AHP竞争力分析模型,采用调查问卷的方式,征询业内专家的意见,以确定各因素的相对重要性次序,将取得的相对重要性次序数据,输入到AHP模型中进行计算,模型计算的具体步骤如下:

1)构造判断矩阵

采用9级标度法确定同级各指标之间的相对重要性及对应的权重分值,构造出同级各因素的判断矩阵。以第二层次为例,市场竞争力(A)、生产竞争力(B)、人才竞争力(C)、科技及创新竞争力(D)、资本及财务竞争力(E)、管理竞争力(F)这六个因素所构成的判断矩阵如表3-1所示。

第二层级判断矩阵(I) 表3-1

竞争力构成要素	A	B	C	D	E	F
A	1	2	2	2	1	2
B	1/2	1	1	2	1/2	1
C	1/2	1	1	2	1	1
D	1/2	1/2	1/2	1	1	2
E	1	2	1	1	1	2
F	1/2	1	1	1/2	1/2	1

2)进行层次单排序

根据判断矩阵计算按相对于上一层次某因素而言,本层次与之有联系的因素的重要性次序权值,即确定AHP模型中对于汽车国际化竞争力而言,市场竞争力等6个要素的相对重要性次序与重要性权值。对于判断矩阵I,计算满足$I \cdot W = \lambda_{max} \cdot W$的特征根与特征向量,式中$\lambda_{max}$为判断矩阵$I$的最大特征根,$W$为对应于$\lambda_{max}$的正规化特征向量,$W$的分量$W_i$是相应因素单排序的权值。计算出$\lambda_{max}$后,还要检验判断矩阵是否具有满意的一致性,定义一致性指标$CI = (\lambda_{max} - n)/(n-1)$,并将$CI$与评价随机一致性指标$RI$进行比较,判别条件为$CR = CI/RI < 0.1$。$RI$取值如表3-2所示:

随机一致性指标 RI 值 表3-2

n	1	2	3	4	5	6	7	8	9	10	11
RI	0	0	0.52	0.88	1.13	1.24	1.36	1.44	1.48	1.50	1.53

以第二层次的判断矩阵I为例,经过计算,I的最大特征根$\lambda_{I\,max} = 6.28$,

$$W = (W_1, W_2, W_3, W_4, W_5, W_6) = (0.25, 0.14, 0.16, 0.13, 0.20, 0.11) \quad (3\text{-}1)$$

$$CI_I = (\lambda_{max} - n)/(n-1) = (6.28-6)/(6-1) = 0.055 \quad (3\text{-}2)$$

$$CR_I = CI_I/RI_I = 0.055/1.25 = 0.044 < 0.1 \quad (3\text{-}3)$$

因此,判断矩阵I的一致性是可以接受的。

3)层次总排序

根据同一层次中所有层次单排序的结果,计算出针对上一层次而言,本层次所有因素重要性的权重，从上至下逐层计算权重，所得层次单排序即为总排序，表3-3所示为层次总排序结果。

层次总排序结果 表3-3

	A	B	C	D	E	F	层次总排序
	(0.25)	(0.14)	(0.16)	(0.13)	(0.20)	(0.11)	W_1
A1	0.33						0.084
A2	0.33						0.084
A3	0.17						0.042
A4	0.17						0.042
B1		0.67					0.095
B2		0.33					0.047
C1			0.33				0.053
C2			0.29				0.046
C3			0.38				0.061
D1				0.27			0.034
D2				0.33			0.042
D3				0.40			0.051
E1					0.16		0.033
E2					0.37		0.075
E3					0.10		0.020
E4					0.36		0.073
F1						0.14	0.016
F2						0.14	0.016
F3						0.25	0.028
F4						0.29	0.033
F5						0.16	0.019

4）进行一致性检验

和层次单排序类似，确定层次总排序的一致性指标 CI_k，RI_k 为层次总排序平均一致性指标，CR_k 为层次总排序随机一致性比例。其中：

$$CI_k = (CI_k^1, \cdots, CI_k^m)\, a^{k-1} \tag{3-4}$$

$$RI_k = (RI_k^1, \cdots, RI_k^m)\, a^{k-1} \tag{3-5}$$

$$CR_k = CR_{k-1} + CI_k / RI_k \tag{3-6}$$

其中,a^{k-1}为第 $k-1$ 层元素相对于总目标的组合排序权重向量,$a^{k-1}=(a_1^{k-1}, a_2^{k-1},\cdots,a_m^{k-1})^T$。$CI_k^i$和 RI_k^i分别为在 $k-1$ 层第 i 个准则下判断矩阵的一致性指标和平均随机一致性指标。当 $CR_k<0.1$ 时,则认为层次总排序的计算结果具有满意的一致性。经计算,$CR_k=0.043<0.1$,层次总排序的计算结果具有满意的一致性。

从表 3-3 的层次总排序结果可以看出,在反映汽车业国际化竞争力的 21 项指标中,最能够代表汽车业国际化竞争力水平的指标是劳动生产率(权重为 0.095)。

3.2.3 我国汽车业国际化竞争力的评价

本书选取上海汽车、福田汽车、长安汽车和中国重汽等上市公司作为研究对象,应用上面的 AHP 分析模型,对这几家汽车企业的国际化竞争力进行评价。

1)市场竞争力评价

市场竞争力评价结果如表 3-4 所示。

市场竞争力评价结果　　表 3-4

指标 \ 企业名称	上海汽车	福田汽车	长安汽车	中国重汽
A1 国际市场营业额 0.084	(6364) 16	(223621) 95	(32784) 36	(2750) 10
A2 国际市场规则熟悉度 0.084	60	75	50	50
A3 企业品牌形象 0.042	60	60	50	65
A4 客户评价 0.042	75	65	55	65
A 市场竞争力总评	12.1	19.5	11.6	10.5

注:括号内数据为 2009 年原始数据,括号外的数据均已进行了处理。单位:万元

2)生产竞争力评价

生产竞争力评价结果如表 3-5 所示。

生产竞争力评价结果　　表 3-5

指标 \ 企业名称	上海汽车	福田汽车	长安汽车	中国重汽
B1 劳动生产率 0.095	60	75	68	68
B2 技术装备率 0.047	69	59	57	65
B 生产竞争力总评	8.9	9.9	9.1	9.5

3）人才竞争力评价

人才竞争力评价结果如表3-6所示。

人才竞争力评价结果　　表3-6

指标＼企业名称	上海汽车	福田汽车	长安汽车	中国重汽
C1 劳动力素质 0.053	60	75	69	59
C2 劳动力成本 0.046	56	70	75	65
C3 高级管理人员国际经验 0.061	75	65	65	66
C 人才竞争力总评	10.3	11.2	11.1	10.1

4）科技及创新竞争力评价

科技及创新竞争力评价结果如表3-7所示。

科技及创新竞争力评价结果　　表3-7

指标＼企业名称	上海汽车	福田汽车	长安汽车	中国重汽
D1 科研资金投入比例 0.034	60	75	59	55
D2 科技成果转化率 0.042	60	59	65	65
D3 企业信息化程度 0.051	75	65	67	65
D 科技及创新竞争力总评	8.4	8.3	8.2	7.9

5）资本及财务竞争力评价

资本及财务竞争力评价结果如表3-8所示。

资本及财务竞争力评价结果　　表3-8

指标＼企业名称	上海汽车	福田汽车	长安汽车	中国重汽
E1 净资产 0.033	(4246245) 82	(407439) 26	(880012) 38	(285571) 21
E2 营业利润率 0.075	(6.04%) 91	(2.72%) 41	(4.34%) 65	(3.38%) 51
E3 资产负债率 0.020	(68%) 68	(77%) 46	(64%) 72	(82%) 36
E4 筹融资能力 0.073	71	56	64	51
E 资本及财务竞争力总评	16.1	8.9	12.2	9.0

注：括号内数据为2009年原始数据，括号外的数据均已进行了处理。

6)管理竞争力评价

管理竞争力评价结果如表 3-9 所示。

科技及创新竞争力评价结果 表 3-9

企业名称 指标	上海汽车	福田汽车	长安汽车	中国重汽
F1 管理层决策能力 0.016	68	69	58	57
F2 企业管理效率 0.016	64	60	56	65
F3 供应链管理水平 0.028	75	65	55	68
F4 项目管理水平 0.033	75	67	55	65
F5 风险控制能力 0.019	76	66	69	71
F 管理竞争力总评	8.1	7.3	6.5	7.4

7)国际化竞争力评价结论

通过以上计算,可得以上汽车企业的国际化竞争力评价总分,如表 3-10 所示。

国际化竞争力评价总分 表 3-10

企业名称	上海汽车	福田汽车	长安汽车	中国重汽
国际化竞争力总分	63.9	65.1	58.7	54.4

根据上述竞争力评价分析,结合各公司的实际情况,可得到以下结论:

(1)上海汽车公司的资本及财务竞争力在五个样本企业中具有绝对优势,说明上海汽车在实施国际化竞争的过程中容易得到充足的资源支持,竞争潜力十足。然而,上海汽车 2009 年的国际化营业额仅有 6364.3 万元,与 2008 年相比下降九成以上。这一方面是受全球金融危机的影响,另一方面也反映出上海汽车在国际化竞争实施中的风险控制能力有待加强。

(2)福田汽车公司在国际市场上具有相对较强的竞争力,其 2009 年的海外销售额占到总销售额的 5%,说明福田汽车的国际化战略相对比较成功。从各项竞争力可以看出,福田汽车的生产竞争力较强,其主要产品中重卡和轻卡连续多年国内销量第一,是全国商用车行业龙头企业。此外,福田汽车的科技及创新竞争力也相对比较强,这与公司同戴姆勒、康明斯等跨国公司携手合作有很大关系。

(3)长安汽车公司的资本及财务竞争力较强,其产销量连续多年位居全国前四位,但是其国际化战略实施进展较为缓慢。该公司亟待提高的是管理竞争力。

(4)中国重汽集团是国内最大的 15 吨以上级重卡汽车生产企业,也是国内重卡行业运作质量最好的企业之一,在产销规模上已进入世界重卡行业的最前列。然而,其国际化战略的实施并不顺利,2008、2009 年产品出口销量连年大幅下滑,出口销售占总销售量的比重从2007年的9%下降到2009年的0.15%，说明中国重汽亟需加强国际化过程中的风险控制能力。一个有利的方面是，随着位于章丘的发动机厂投产并逐步达产，困扰中国重汽多年的发动机瓶颈问题有望得到解决。

从总体上来看，我国汽车国际化竞争力并不很强，远低于国外知名品牌企业80分以上的评价值，这种竞争力不足的情况具有一定的客观表现，但带有一定的主客观原因。

3.3 我国汽车业国际化竞争力不足的现状及原因分析

根据上节的国际竞争力评价，我国汽车业国际竞争力存在不足，本节通过分析其存在的现实表现，进而来找出其中所蕴含的主客观原因。

3.3.1 我国汽车业国际化竞争力不足的现状

我国汽车业国际竞争力不足的情况存在着几个比较明显的表现，且不少表现具有长期性。

1)技术创新能力弱，核心技术依靠引进

我国汽车产业的关键技术尤其是关键零部件技术几乎仍属空白，历来靠引进国外技术得以发展。我国汽车生产企业虽纷纷与外国合资，以获取外国先进的技术，但事实上，我国合资汽车的核心技术仍掌握在跨国公司手中。我国销售的自主品牌仅占25%，而自主品牌中自主开发的仅占5%。这从而导致了产品的市场营销能力不足、品牌知名度不高。当前，活跃在国内主流车市场上的汽车品牌，如奥迪、大众、别克、丰田、本田等多为外国知名品牌。我国自主品牌如长安、奇瑞、吉利、哈飞、中华等，多属于中低端产品，知名度、美誉度都不高。同时，由于技术创新能力不强所导致的诸多问题，使得我国汽车国内外的市场占有率都不是很高。

2)对外方依赖性强，控制权流失

与跨国公司合资的企业，在实际运作过程中逐步丧失了控制权，这是因为跨国公司往往具备充裕的资金和关键技术。中方企业对外方依赖性强，在股份公司中，控制股份代表着一定的管理权，我国汽车企业在与外国跨国公司合资的过程中，虽然形式上掌握了50%的控股权，但并没有管理权，还需要依赖外方的帮助[124]。我国汽车企业如果失去控制权就不能真正的发展自己的汽车产业，不能建立起真正的核心竞争力。

3)近几年汽车产业快速发展埋藏了一定的忧患

这几年我国汽车产业的快速发展掩盖了许多企业内在的问题，从而也埋藏了

一定的发展忧患,这些问题解决不好将会削弱企业的国际化竞争力[125],其主要表现在以下几个方面:

一是"政策救市"的负面作用不可"忽视"。从总体和基本面上讲,2009 年我国汽车产业的高增长应该说是基本正常的,也较合理,但也包含着某些不合理的成分,存在着某种潜在风险,这主要涉及政府的刺激政策措施。针对我国汽车市场的发展,瑞士圣加仑马理克管理中心 2009 年 10 月提出的一份研究报告称,政府需求刺激政策从长远讲,对于市场的发展没有影响,其唯一的影响是将短期需求提前或推迟。用辩证的眼光看,"政策救市"虽然是此次全球金融危机时期各主要国家普遍采取的做法,且在促进各相关国家经济的复苏中发挥了主要(甚至是关键性)作用。从整体上判断,我国 2009、2010 两年 4 万亿元刺激经济的投资计划,迄今为止的实施情况还是比较正常的,基本收到了预期效果。

二是奢侈之风与质量滑坡更说明车市发展不甚健康。一方面,虽然我国现在仍处在社会主义的初期阶段,是一个地地道道的发展中国家,尚有不少人并没有真正解决温饱问题,人均收入不及美国的 1/4;但另一方面,我国在奢侈品消费上超过美国,豪华名车的销量更是世界第一。2009 年在我国汽车产销量快速上升的同时,用户对汽车质量问题的投诉也大量增加,说明新车的质量呈下降趋势。在过去 3 年里,虽然我国汽车制造商在提升新车质量方面取得不小进步,但车主对新车性能和设计的满意度却停滞不前,甚至有所下降。我国汽车质量形势的严峻与相关厂家为单纯追求销售数量而忽视质量或无暇悉心顾及质量有着必然联系。

三是行业存在产能过剩风险。自 2009 年第 3 季度以来,国家相关主管部门尤其是发改委有关人士就不断指出,汽车行业要注意防止产能过剩问题,2009 年度行业产能利用率(80% 左右)比较合理,2012 年产能已大大高于市场需求,未来几年产能利用率将出现下滑态势,在严峻的情况下,行业平均产能利用率可能低于 70%,从而出现产能较严重的过剩局面。国外研究中国问题的相关人士也指出,由于各个汽车厂家都竞相扩大产能,中国的汽车产业迟早会像钢铁和家电等行业那样出现产能过剩问题[126]。综合各个方面的情况,完全可以得出如下结论:提出汽车行业产能过剩及其风险性问题,并非如有些人所言是伪命题,而是具有一定的远见。

与此对应的是,我国汽车的出口占有率及贸易竞争指数低。汽车出口占有率是某一国家汽车产品的出口总额与世界汽车出口总额的比值,反映了该国汽车产品出口在世界市场上所占的比例,2006 年我国汽车出口占有率仅达 1.42%,低于德、日、美、法、韩、意等发达国家。而贸易竞争指数则表示一国进出口贸易的差额占进出口总额的比值,是行业结构国家竞争力分析的较好工具,2006 年以前我国汽车制造业贸易竞争指数基本都小于零,说明我国是汽车产品的净进口国,产业比较优势低,国际竞争力弱。

3.3.2 我国汽车产业国际化竞争力不足的原因分析

我国汽车产业国际化竞争力不足的原因是多方面的,既有主观原因也存在一定的客观原因,但主要来自于以下几个方面:

1)我国汽车工业起步晚,正处于发展阶段

西方发达国家汽车工业已有100多年的历史,在100多年时间里,经过了数次设计和生产方式的革命,到现在已经成为一项非常成熟的产业。以美国为例,汽车业设计、生产、销售服务已相当完善,形成了三大巨头企业,现有的、完善的汽车市场是经过百年的竞争、联合兼并而形成。而我国汽车的发展从1953年兴建一汽算起也不过60多年的时间,且真正的发展还是在改革开放后几十年的时间,经过短短几十年的发展想迅速赶超英、美等发达国家是不现实的。我国汽车工业必须随着我国市场经济的不断完善以及我国市场的不断成熟而不断的成长、进步,在这个过程中虽可借鉴国外的发展经验实现某些跨越,但某些阶段则是必须经历的历史过程。

2)政府对汽车工业的长期过度保护

政府对汽车工业的保护一方面是中央政府对整个汽车产业的保护,可以说,我国大型汽车制造集团多是在政策保护之下建立起来的,天生存在着效率低下的特征,并且在一定程度上能够逃避国际汽车产业的竞争压力,从而使得企业自身忽视核心竞争力的培育,导致企业缺乏改革和内在创新的动力,这同时也形成了我国汽车企业数目多、规模小、生产集中度不高的情况[127]。另一方面,中央政府对汽车工业实行高关税保护,2006年才恢复到国际平均水平。由于政府的过度保护产生的高额利润诱使各地纷纷大上汽车项目,更恶化了我国汽车产业的组织结构。

3)我国汽车工业长期以来实行的是引进外资与技术之路

合资虽然能换来我国汽车业整体制造、管理、销售水平的提升,但跨国公司为了保持自己的高额利润,往往对东道国进行限制,它们极力控制核心技术的扩散,阻碍我国本土企业获得先进技术,合资的形式给我国带来的绝大部分只是外方的生产许可证。跨国公司多数不是把技术售给出口国,而是在母国进行技术研发,将东道国看作市场和装配车间,这使我国汽车产业陷入被动境地。我们虽然在控股上占优势,但不能对引进的汽车进行自主的再造和创新,致使企业发展无法实现良性循环。缺乏自主研发和自主品牌的我国汽车产业,在扩大自己的生产规模后扩大的只是生产能力但无法真正做大、做强。

除此之外,我国汽车企业的研发投入不足,研发人数少、结构不合理,研发对象以产品开发和工艺设计为主,应用研究薄弱,基础研究几乎空白。而在研发经费投入支出上,与销售收入占比基本维持在2%左右,低于发达国家的4%比例,而在研发设备投资方面更是投资偏少。

3.4 我国汽车业国际化竞争力的潜力分析

虽然我国汽车业国际化竞争力存在不足的问题,但从我国的实际情况看,我国汽车业国际化竞争力仍具有巨大的发展潜力,这需要多方面的共同挖掘和利用。

3.4.1 我国汽车业国际化竞争力的潜力明显

目前虽然我国汽车业国际化竞争力不足,但潜力十足,这是由我国汽车工业在国际汽车工业体系中的地位所决定的。

第一,我国汽车工业在跨国公司的全球分工体系中位于加工制造环节,虽属于比较低的层次,但与单纯做加工组装的国家相比仍处于较高层次;

第二,从产业规模、企业规模、技术水平、国际竞争力等方面看,我国汽车工业仍然是一个从整体上不具有国际竞争力的产业。但我国汽车工业与跨国公司有着较大的关联性,我国汽车工业有可能最终成为具有独立开发能力、具有一定国际竞争力的产业;

第三,我国汽车工业有着巨大的、迅速发展的市场和低廉的劳动力,以及完整的、较强的制造业配套能力,我国汽车工业可以在21世纪取得比较迅速的发展,规模、技术水平、竞争力都具有迅速提高的条件与可能[128]。

正是由于以上几种原因,我国汽车工业已成为世界汽车生产制造销售体系中的重要组成部分,且必将发挥越来越重要的作用,可以说,我国汽车业国际化竞争力的发展潜力仍然比较巨大。

3.4.2 我国汽车工业已成为世界体系中的重要组成部分

我国已成为世界主要的汽车制造基地,经过一段较高速度的增长,其后我国也会逐步成为全球商用车主要生产基地,面向其他国家的商用车、中低档轿车的主要供应者,成为全球汽车工业某些汽车零部件的制造中心[129]。具体表现在,快速发展的市场为我国汽车产业国际化竞争奠定了坚实基础,我国成为拉动世界汽车工业发展的火车头。汽车消费市场的快速发展使我国成为世界汽车销量增长最快的地区,销售量占世界总销售量的比例从 2000 年的 3.8% 增加到 2015 年的 27.9%。自 2009 年以后,我国汽车产销量连续位居全球首位。

当前情况下,我国汽车工业已经成为世界汽车生产体系中的重要组成部分,具体表现在:

(1)各主要跨国企业在华生产的乘用车销售量不断提升。

为了争夺中国市场,跨国汽车公司开始注重对中国市场产品的本地适应性改进,这摆脱了以往简单地拿国外图纸在中国生产的情况,如上海泛亚的工程设计人员根据中国用户的审美观点和操作习惯,对通用全球的诸多车型进行了改进和全新设计。2007 年各跨国汽车公司都有产品在中国合资企业生产,特别是金融危机后,跨国公司非常重视在华企业的汽车生产,并且通用、大众、本田在华企业的生产量超过其全球生产量的 10%。

(2)跨国企业开始注重在我国的本地生产体系、研发体系以及其他体系的建设。

目前,上汽和美国通用、上汽和德国大众、东风与日本日产和神龙、广州本田等已经在中国建立了合资的研发中心,2008 年 9 月,通用汽车中国前瞻技术科研中心在上海浦东新区破土动工,这是第一家外商独资的汽车研发中心。PSA 标致雪铁龙集团也表示要在上海建立独资汽车研发中心[131]。显然,我国汽车产业的集聚能力快速提高,围绕汽车产业的各个体系逐步建立,产业链建设也快速形成。

(3)外资进入中国加快了我国汽车产业的国际化进程。

跨国公司进入我国的方法、模式、流程和经验教训,给中资企业树立了很好的示范和启迪作用,开拓了本土企业国际化的视野,加快了其国际化竞争的进程。

3.5 本章小结

本章探讨了我国汽车国际化竞争力不足的现状与原因,分析了我国汽车国际化竞争力的潜力,建立了我国汽车国际化竞争力 AHP 分析模型,并通过案例算法对上海汽车、福田汽车、长安汽车和中国重汽等样本企业的国际化竞争力进行了评价。

本章的主要研究工作及成果包括:

(1)通过对我国汽车国际化竞争力的潜力进行分析,进一步明确了我国汽车企业实施国际化战略的可行性,还可为我国汽车企业提高国际化竞争力提供方向性的指导。

(2)建立了我国汽车国际化竞争力的评价指标与 AHP 分析模型,分析了国际化竞争力的各个构成要素并对其重要性进行了排序,为评价我国汽车国际化竞争力提供了具有可操作性的量化方法,并且通过模型的应用说明了我国汽车国际化竞争力不足的现状。

(3)通过对我国汽车国际化竞争的现状分析,找出了其存在的问题,从而为后面的策略研究提供研究基础。

第4章　我国汽车业国际化竞争的环境分析

上一章分析了我国汽车业国际化竞争不足的现状，这为我们找出一条适合我国实际的国际化竞争道路提供了分析基础。但在研究发展策略之前，有必要分析当前我国汽车业国际化竞争的各种环境条件，从而才能够做到知己知彼，制定有针对性的竞争策略。

4.1　我国汽车业国际化竞争的环境分析

未来几年乃至今后更长时间内，我国汽车产品出口面临的环境是机遇与挑战并存，但外部环境明显趋紧，机遇主要在于务实、有效的应对中。

4.1.1　经济环境

欧债危机再掀波澜，国际游资加速流动，货币政策各行其是，初级产品价格持续上涨，贸易摩擦相持不下，世界经济复苏面临更多挑战，我国的外部环境更加复杂，应对难度加大。2010年世界经济处于企稳与复苏、政策刺激与市场机制的交替时期，复苏前景可期，但世界经济中存在的不确定因素，将影响经济复苏的进程。2010年的世界经济整体实现低水平的缓慢复苏，增速维持在3%～3.5%之间。除此之外，其他的经济指标，如居民消费支出，美国、英国的房地产市场，主要的股市也逐渐好转。世界经济复苏的步伐可能没有人们所期望的那么高和迅速[133]。2009年世界经济下降幅度比较大，但从2009年第二季度、第三季度开始，主要的发达国家已经恢复了增长，美国第三季度环比实现了3.5%的增长，德国、法国、日本第二季度就开始恢复增长，像日本第三季度环比增速已经达到了4.8%，整个欧元区也达到了1.5%，国际经济的V形态势基本形成。

金融危机之后我国汽车业实施国际化战略所面临的经济环境既有挑战又有机遇，主要体现如下：

一是流动性过剩。西方国家恢复经济根基是不巩固的，英国、美国乃至于其他欧洲国家在经济危机爆发之后债务大都上升了20%～30%，货币政策不仅不能收回还要继续扩张，在这种共识的引导下，全球货币流动性还将持续，这将使我国经济面临资产泡沫上升压力和汇率升值压力。作为经济总量第二的国家,中国还面临着一个根本性的挑战:如果延续过去的发展模式肯定会碰到不可逾越的阻力,汽车很难避免停滞发展。

二是贸易环境进一步恶化。由于全球经济增长趋缓,无论是发展中国家还是发达国家,都在极力争夺全球外贸市场。我国作为当今世界的第一大出口国,已经成为贸易保护主义的最大目标。针对中国的贸易摩擦还会愈演愈烈。这些因素带来的结果就是我国汽车的国际化战略会受到多数发达国家的阻击[134]。我国商务部发布的数据显示,2010 年前 10 个月,欧盟已对我国发起 10 起贸易救济调查,超过 2009 年全年案件数;涉案金额约 47.4 亿美元,为 2009 年的 5.5 倍。相信在全球经济再平衡的口号下,全球还会兴起一轮又一轮针对中国的贸易保护浪潮。

显然,当前我国汽车业国际化竞争的经济环境存在着不确定性,必须要做较坏的长期准备,以应对经济形势的变化。

4.1.2 国家政策环境

我国汽车业实施国际化战略的国家政策正处于扶持期,政策环境非常宽松。

面对当前经济形势不佳的状况,我国汽车产品的出口动力和比较优势仍然存在,这是由于中外汽车产业结构性互补的格局没有改变,我国汽车工业产能过剩的状况没有改变,我国承接国际产业转移的综合优势没有改变,我国汽车产业整体实力上升的趋势没有改变,我国企业发展自主品牌的积极性没有改变。因此,我国政府一直在这方面有针对性地改进工作,可以说,我国汽车产品出口的前景依然广阔。

我国政府将全面推进国家汽车及零部件出口基地建设,根据《汽车产业调整和振兴规划》的要求,加快出口信息、产品认证、共性技术研发、试验检测、培训等公共服务平台建设。鼓励企业通过采取合作、合资、并购等多种方式,引进先进设备技术、关键零部件等措施加强创新。推动企业建立健全国际营销和售后服务体系,实现稳妥积极地"走出去"。加强诚信体系建设,提升出口产品质量,进一步规范汽车出口秩序,有效应对国际贸易壁垒等[135]。2009 年 10 月,商务部会同发改委、工信部、财政部、海关总署、质检总局、国家认监委等六部委发布了《关于促进汽车产品出口持续健康发展的意见》,明确了汽车产品出口的中长期战略目标,并提出了相关政策措施,促进汽车产品出口持续健康发展。意见明确提出,要推动我国汽车产品出口在产品结构、市场结构、贸易结构、企业结构和售后服务主体结构 5 个方面实现转变,从而实现 2020 年汽车产品出口额占世界 10% 的战略目标。

我国政府一直在努力完善公共服务体系的建设。现在汽车从行业上还需要为出口企业提供大量的公共服务平台，积极推动与国外汽车产品的标准互认。目前国际认证标准繁多，认证费用极高，我们出口的目标市场内的产品认证已经成为制约我国出口的一个瓶颈之一。现在商务部正在研究鼓励国内现有的认证机构与国外认证机构以合资合作的方式开展出口产品的互认服务。商务部提出要形成与我国汽车产品出口检测需要相适应的配套合理、服务优质的检测试验体系。

在出口秩序方面政府也一直在继续规范。2008 年，商务部、发改委、海关总署、质检总局和国家认监委出台了《关于汽车出口秩序的办法》[136]，这个办法自实施以来取得了较明显的成效，出口效益显著提高，汽车出口量增价跌的情况得到了有效的抑制。

4.1.3 技术和市场环境

目前，我国汽车业实施国际化战略的技术环境更多的是一种技术瓶颈，具体来说有以下几点：

(1)开发能力弱、技术获得难。

我国汽车工业的商用汽车开发能力具有一定的水平和经验，由于没有完整的轿车自主开发能力，我国的主要轿车产品没有自己的知识产权。在汽车零部件的技术开发方面，我国汽车在某些中低附加值产品方面具有相当的开发能力，在汽车关键零部件的技术开发方面具有一定能力，但是与国际先进水平的差距较大[137]。

(2)知识产权的制约与控制。

随着日本等发达国家日益把知识产权作为制约我国企业的一个利器，我国汽车企业也必将日益感到这一点对于自身发展的限制，当然它也是汽车工业后起国家中有过的深刻教训。韩国的现代、大宇等公司在与欧美大公司分手后，就曾经在若干年内由于知识产权的限制，难以进入发达国家市场。显然，知识产权制约着我国汽车向自主开发企业的转变。

(3)技术标准的影响。

由于从多国引进产品技术，在诸多跨国公司进入我国市场后，我国汽车工业面临着一个技术标准的整合问题。繁杂的技术标准体系，将影响我国汽车工业的资源配置，影响我国汽车生产企业通过兼并重组在内部的优化资源配置，影响我国汽车工业零部件体系的形成，影响我国汽车零部件企业的发展[138]。

由于我国庞大的市场容量及其国际化竞争的激烈程度，这里着重以国内的市场作为分析的对象。首先是卖方市场向买方市场的转变。近些年来我国汽车市场最大的特点就是进入了转型的时期，即汽车由卖方市场向买方市场的转变。在这一转型过程中，汽车生产快速增长，库存压力日益加大，消费者持币待购状况不断加剧。厂家为了促销,频繁降价也打击了消费者的消费信心,导致消费者无法估计价格是否还要降,到底要降多少,从而使消费者的心理期待后延,观望气氛日益浓厚。

其次,国家有关主管部门认真分析承诺内容和我国汽车产业的承受能力,以及如何利用以履行承诺为契机促进国内汽车工业发展,提出了总量控制、有序竞争、优化结构、保证满足国内生产需要的工作思路。由于措施得当,有效抑制了进口汽车的过度增长,同时促使进口汽车结构发生了根本变化,使进口汽车成为国内汽车市场有益的补充。有序、从紧的进口管理政策,迫使汽车跨国集团扩大或加快对中国的投资步伐,并诱发了国内汽车消费需求的扩大,使得消费者对进口汽车的需求转移到了对国产汽车的需求上[139-140]。

4.1.4 产品环境

我国汽车业实施国际化竞争中,在产品方面除了需要在技术领域需要大力投入外,还面临着产品零部件以及资源整合瓶颈的环境影响。

(1)汽车零部件瓶颈。汽车零部件工业薄弱,影响着我国成为世界汽车制造中心的速度和进程,影响着跨国公司在我国的行为;影响着我国汽车工业在全球汽车生产链条中的地位。

(2)产品附属资源整合瓶颈。在新的更加开放的市场环境中,跨国公司可以利用进入我国的咨询服务、金融机构等为自己提供类似母国的全面服务,提高自己的竞争力。

(3)生产成本提高和销售收入下降并存。因原材料涨价而导致造车成本攀升从而使盈利水平降低[141],原料价格上涨和整车价格下降"吃"掉厂家利润,汽车厂家暴利时代即将结束,厂家要实现利润增长就要寻找新的利润增长点。

(4)汽车价格大范围、大幅度下降,越便宜的车型降幅越大[142]。有统计显示,在2011年下半年参与降价的车型近80种,涉及20余个汽车品牌,降价车型数量已占整个销售车型的一半以上,并多为中低端产品,而国产车整体降价幅度超过2%。在所调查的120种中低端车型中,三分之二的车型价格有变动,平均降价幅度超过8%。

我国汽车生产企业产品的科研开发能力弱;产品的市场销售、服务方式落后;在产品的物流管理、汽车租赁、金融服务等方面更是薄弱。在我国汽车工业界,由于长期存在的各级政府的行政干预,在零部件配套、原材料供应、物流等方面,存在着画地为牢的现象。在面对跨国公司全球采购的态势时,我国汽车企业有必要进行生产、供应流程的再造,并通过生产、流程的再造来进一步提高产品竞争力。

4.1.5 人力环境

我国汽车企业正进入一轮大规模的国际化战略阶段，它的供应商、经销商等合作伙伴可能并非本土企业，这就需要一批具有国际化专业的人才队伍，如全球化的经理人员。如果以前全球化经理人还是极少数人的职业，那么在经济日趋国际化的今天，几乎每个企业都开始或多或少地涉及全球化经理人的工作。我国企业国际化战略最缺的就是全球化经理人。全球化经理人要具备适应全球化经营的工作经验和思维方式，外语对任何全球化管理者来说都是至关重要的，具有海外工作的经验才能够真正具备从不同的角度看问题的能力[143]。全球化领导力的培养是我国企业国际化战略中不可或缺的课程，有效的国际化经营要求经理人具有能够意识到不同文化间的异同以及它们对全球业务的各种影响，国际化公司的人才必须是来自全球的，不能狭隘地仅以本国人为主。如中石油成为亚洲最赚钱的企业，但它基本上还是我国的本土公司[144]。换句话说，我国的国际一流公司其人员组成中必须拥有相当一批国际人才，能够纵横国际市场的商界精英。问题的关键在于国际化的公司能否吸引和使用一批不同文化背景、不同国籍精通国际商业规则、具有国际商务运作能力的业界精英[145]。从目前的情况看，我国汽车企业的国际化人才储备明显不足。

4.2 我国汽车业实施国际化竞争的SWOT分析

为了对我国汽车业内外部条件的各方面内容进行综合和概括，本节根据上一章我国汽车业在国内外市场上的具体情况，通过SWOT分析方法，总结出我国汽车业国际化竞争的优势、劣势、机会和威胁等情况，以帮助我国汽车业把资源和行动聚集在自己的强项和有最多机会的地方，并让企业的国际化竞争策略变得更加明朗。

4.2.1 优势

(1)政策引导与支持。《中国汽车产业“十一五”发展规划纲要》中提出了“整汽车业要制定产品出口战略”等措施，国家将支持有条件的企业走出去，为汽车的国际化经营奠定了坚实的政策基础，在此基础上选定一批具有自主知识产权和知名品牌及国际竞争力较强的优势企业作为重点扶持对象。2009年2月9日，国务院下发《汽车产业振兴规划》，规划中再次明确了汽车产品出口战略是我国汽车未来发展的重要方向[146]。

(2)产品竞争优势。从我国整车出口产品结构看，轿车出口主要以适应发展中国家中低端市场需求为主的低端产品，此类出口企业在短期内不会出现与主要跨国汽车公司的正面竞争，产品性价比优势显著；我国商用车产业体系相对完整，初步具备自主开发能力，我国商用车产品对于尚处初级消费阶段的国内及其他发展中国家市场具有产品性价比的优势[147]。

4.2.2 劣势

(1)研发仍然不足。我国的廉价车或许一直能形成一种冲击，不过一些消费者在网站所表现出来的情况是对汽车质量不太满意。低成本战略是有局限性的，因为我国市场著名品牌汽车所占的分量越来越大。许多消费者已经不是第一次买车了，因此得到消费者的认可越来越重要。正因为如此，不少企业推出了已经接近于市场高端的产品，如上汽新推出的荣威轿车的价格在 3 万美元左右，与别克君威和本田雅阁同台竞争。

但我国汽车企业实施国际化竞争的最大困难就是自身的研发不足。以长城汽车为例，对于非洲、中东等主销市场，长城皮卡出口价位在 5 万元至 7 万元人民币之间，为了确保低端、进军高端，长城开发出“风骏”皮卡出口到欧洲市场，出口价格在 10 万元人民币以上[148]，这得益于上海汽车公司和德国大众汽车公司的合作。长城已经成为我国最大的自主品牌汽车之一，这也意味着它拥有较雄厚的资金实力，但在技术研发方面长城仍缺少紧迫性[149]。事实上，长城的情况在国内具有一定的代表性，在日趋激烈的竞争环境下，相信汽车的技术之争将会提前到来。

(2)国际环境并不理想。我国汽车企业的国际化都是以作为发达国家企业潜在竞争对手的经营行为出现的，如果说“中国制造”还只是低附加值廉价商品的代名词的话，那么“我国汽车国际化”正是为了提高我国企业国际竞争力的。但我国汽车的国际化行为要经历复杂的程序。以企业海外并购为例，我国汽车企业不仅要获得企业股东和常规监管部门的批准，更要通过包括美国外国投资委员会(CFIUS)这样级别的政府机构的审查[150]。如中海油收购美国尤尼科石油公司本来是一个纯粹的商业行为，在美国却变成了敏感的政治问题，收购计划遭到百般阻挠。中海油并购尤尼科最终告吹，就很能说明这一问题[151]。

(3)实践经验缺少。我国汽车企业国际化经营缺乏对海外市场环境的了解，要准确识别海外市场风险变化、敏锐挖掘海外市场机会，就必须对目标国家的社会、政策、经济、法律等整体状况以及市场特点和变化规律进行系统分析。我国汽车在国际化经营的历程较短，对海外目标市场的整体容量、市场结构、差异化需求、购买习惯、消费信贷、渠道分布、渠道模式等了解甚少，如果贸然进入海外市场，势必将面临较大的市场风险和经营风险,因此需要进一步重点明确国际化战略[152]。目前我国汽车产品的出口中一般贸易仍然占据主导地位,渠道以贸易为核心,导致渠道稳定性较差,渠道平均销量低,海外渠道质量有待提升。短视的一般贸易可以在短期内获得经济效益,特别是我国汽车企业尚未建立起完善的海外售后服务体系,大多借助于国外当地经销商来实现车辆销售和提供售后服务,销售渠道和服务网络尚不健全、服务管理还不到位、服务政策的制定针对性不强、配件储备与备件管理各项指标表现与国际化水平差距明显,需要进一步地缩短差距。

4.2.3 机会

我国汽车企业最大的机会就是当前国内、国际市场潜力的巨大。根据 IMF 预测,新兴经济体和发展中国家仍能保持 3% ~10% 的增速,将成为未来全球经济发展的主要增长点和增长动力,全球汽车产业链向新兴市场延伸的趋势明显[153]。六大汽车集团一致看好我国汽车市场的诱人前景,纷纷从各自的全球战略角度出发,在对我国市场进行战略布局的基础上,积极地、加速地展开有效的进入和竞争策略[154]。民资和外资增资我国汽车市场加快,目前我国各大汽车生产企业都在不断扩大产能,外商也纷纷增资我国汽车市场。东风与日产、一汽与大众、华晨与宝马、通用与上汽、长安与福特等的合资与合作正如火如荼地展开[155]。

事实也是如此,高速增长的我国汽车市场已经成为全球汽车市场的一个重要组成部分,不论是汽车产销量还是零部件产销量都连创新高,我国汽车市场正快速进入到一个完全竞争的时期。

快速发展的国内外市场不仅仅是一个让人激动的发展机会,它也是国际汽车相互竞争的角逐地。可以说,机遇与挑战是同时存在的,机遇越大所面临的挑战也将越大。

4.2.4 威胁

(1)越来越严格的标准法规和被跨国公司操纵利用的趋势。目前,不少国家为了保护本国汽车产业,纷纷设置关税和非关税壁垒障碍,而欧美市场实施的排放、安全、环保等严格法规标准,则是中国整车打开市场空间的最大障碍。美国交通部的安全标准、联邦空气污染控制标准和平均燃油经济标准,都比 20 年前日本车进军美国时的要求严格得多,而目前大部分中国生产汽车的还不能达到美国标准。

且这些标准不少条款的制定都被那些知名的跨国公司所操纵,这对后期发展的汽车来说无疑将是一个较大的威胁。

(2)国外汽车正利用合资品牌快速渗入到我国汽车的中低端细分市场,在此过程中产品低价及合资品牌的营销网络起到了较大的推动作用。我国汽车的中低端市场一直以来都是自主品牌的天下,国外汽车的进入将会对我国自主品牌的汽车产品造成巨大的威胁。

(3)跨国公司和零部件公司在关键零部件领域贸易壁垒、技术封锁,并在此基础上大打知识产权牌。对于我国汽车,不少的自主品牌产品在技术和外形上都采取了模仿的策略,这也导致了我国汽车和国外一些汽车的有关知识产权的纠纷不断出现,如丰田汽车起诉吉利、通用起诉奇瑞、本田起诉双环、丰田调查比亚迪 F3 等多宗国外汽车起诉国内汽车厂家侵权的事件发生。这些知识产权纠纷不仅损害了中国汽车的形象,还会使中国汽车在走向国际市场道路上变得举步维艰。

(4)持续的价格战,极大降低了企业利润率,削弱了自主品牌国际竞争力。当年日本汽车进入美国也曾受到百般刁难,丰田对美国做出了一定的妥协,最终在美国市场扎根。中国汽车如果一味地利用低价冲击国际市场,并拿出一副以低价冲垮对手的架势,而不给自己留丝毫回旋余地,无异于为自己树立起众多强大的敌人,丧失良好的出口环境。

另外,低价无序的恶性竞争也将直接导致国外反倾销调查的增多。虽然我国汽车行业目前还不会过多地遭遇反倾销,但从长远来看,随着出口规模的扩大,未来中国汽车及零部件产品很可能面临反倾销风险。

根据上面的分析,可以得到表 4-1,显然,我国汽车国际化竞争的优势和机会仍较明显,这要求我国汽车必须依靠内部优势、克服外部劣势、利用外部机会,并采取措施来回避外部威胁,这样才能更好地完成企业的国际化竞争过程。

我国汽车国际化竞争的 SWOT 情况 表 4-1

优　势	劣　势	机　会	威　胁
1. 政策引导与支持; 2. 产品竞争优势; 3. 低端市场产品竞争力富有优势	1. 研发仍然不足; 2. 国际环境不理想; 3. 实践经验缺少; 4. 适应市场发展,寻找新的销售模式	1. 国际市场潜力的巨大; 2. 国内市场潜力仍较大; 3. 国内外市场快速发展	1. 越来越严格的标准法规和被跨国公司操纵利用的趋势; 2. 国外汽车正利用合资品牌快速渗入到我国汽车的中低端细分市场; 3. 跨国公司和零部件公司在关键零部件领域大打知识产权牌; 4. 持续的价格战降低了企业利润率

当然,我国汽车企业要想走向国际市场,和国际市场上的一些知名跨国公司同场竞技,就必须要不断修炼内功,提高自身竞争实力,同时还要全面了解国际市场

中的各种环境因素，这样才能树立起良好的企业形象，这不仅关系到出口企业本身的长远利益，更关系到我国汽车产业的长远利益。

4.3 竞争环境下我国汽车业国际化竞争的动因分析

从我国汽车企业的竞争环境来看并不乐观，但近年来，我国汽车企业纷纷“走出去”主动参与到国际化竞争之中，不少企业还进而取得了一定的成绩，本节就以国际化的竞争环境作为背景，来分析我国汽车企业国际化竞争的主要动因。

4.3.1 国际化市场背景下的动因

我国汽车企业主动参与国际化竞争，不仅有着一定的主观原因，还存在着一定的客观因素。从国际化大市场的背景看，其主要动因包括以下三个方面：

第一，实施国际化竞争战略，采取兼并收购或新建的方式在目的国投资，可以绕开各国针对我国汽车出口设置的贸易壁垒。目前，各国对各自汽车产业的贸易保护主义措施盛行，关税和非关税的贸易壁垒成为我国汽车出口的一大门槛，为了改变这一不利局面，我国汽车企业多数选择在目的的市场进行投资，与外地企业协作合资生产和销售，进而可以绕开贸易壁垒，从而实现在目的的国参与竞争的实际目的。

第二，实施国际化竞争战略，与国外汽车既竞争又协作，可以尽快摆脱我国汽车工业技术落后的局面。虽然我国自主品牌企业一直在进行技术的研发，但与欧美等汽车强国相比，在技术上还存在一定的差距。今后汽车产业的竞争是高层次的竞争，技术是一个十分高的门槛，假设我国汽车仍旧试图依靠政策扶植来发展本钱低的低端优势产品，则将无法打破技术难题，从而只能在低端的汽车市场生活，在面对高端品牌竞争时将步履维艰。

第三，实施国际化竞争战略，并购国外品牌是汽车快速发展的捷径。从上汽收购双龙失败，到上汽收购罗孚，再到腾中收购悍马、北汽收购萨博，可以看出，我国汽车的品牌动机，而这种品牌收购动机来源于关于技术、品牌和设计的三重需求。汽车竞争的实质是技术、品牌和设计的三者结合[156]。技术是一个必须迈过的、十分高的门槛，树立在技术基础之上，加上共同的汽车外观设计，再塑造一个共同品牌价值的品牌才是汽车产业竞争的实质。

这里以吉利收购沃尔沃为例来加以分析。在中国成为全球最大的汽车消费市场的背景下，吉利收购沃尔沃可以在国际高端汽车市场上取得更多的市场时机，吉利收购沃尔沃，起到了其在应用多品牌战略推进中高端产品的发展中急需先进的技术来支撑其品牌开展的效果[137]。借助沃尔沃的技术优势，吉利在低成本制造的优势将越加清楚,因而在国际竞争中的优势也将逐渐增强。

4.3.2 国内市场背景下的动因

从国内市场的背景看,我国汽车企业国际化竞争的动因主要有两个方面:

第一是国内汽车市场的发展与冲击。中国加入世贸组织以后,我国汽车行业大举对外开放,跨国汽车巨头加快了进军中国市场的步伐。通用汽车、福特汽车、戴—克集团、丰田汽车、德国大众、雷诺—日产等6大汽车集团,以及宝马、本田和PSA集团等都纷纷进入我国,并采取了合资方式进行汽车的生产和销售,这使得国内市场的竞争日趋激烈,即使在自主品牌的中低端市场也遭遇到外资及合资品牌产品的竞争。为了快速发展壮大自己,我国不少汽车企业不得不走出国门,主动去开辟一些新兴市场,以此来缓解国内的竞争压力。

第二是国际市场的诱导与驱使。首先是经济利益的引导。自主品牌汽车出口,走向国际市场,巨大的市场带来巨大的利润空间,显而易见的是国际市场蕴含着巨大的经济利益[157]。其次是品牌价值的增长。品牌形象的不断树立、品牌价值的逐步增长,是我国汽车国际化竞争战略的又一重要目的。在开放的市场经济中,如果企业不能在本国之外加强自己的力量,就难以保持在国内市场的强势。必须要有更大的下游市场和更多的上游资源来支持,立足国际市场利用国际资源在更大的舞台上实现规模提升,这显然是一步制胜发招。国际化是任何一个整汽车业走向成功和长期稳定发展的必然趋势[158]。我国汽车必须走出国门,建立全球品牌,通过树立国际品牌形象来提升品牌竞争力,以一种更高的姿态与国际汽车巨头展开竞争。我国自主品牌的优势是构成汽车市场需求金字塔的巨大基座,而且这个优势将随着我国自主品牌走向海外而不断得到强化和巩固[159],并将反过来使国人改变对自主品牌的成见。

4.4 本章小结

本章对我国汽车业实施国际化竞争的内外部环境因素进行了分析,主要包括经济环境分析、市场环境分析、国家政策环境分析、技术环境分析、产品环境分析和人力环境分析等,并运用SWOT分析法,来识别我国汽车业实施国际化竞争战略的优势、劣势、机会和威胁。最后,在国际化竞争环境的大背景上,对我国汽车业实施国际化竞争的动因及必要性进行了分析。

本章的主要研究工作及成果包括:

(1)结合内外部环境因素分析的结果,运用SWOT分析法,分析了我国汽车业实施国际化竞争的优势、劣势、机会和威胁,为我国汽车在国际化竞争过程中依靠内部优势、克服外部劣势、利用外部机会以及回避外部威胁等策略的实施提供指导。

(2)结合国际化竞争环境的背景,提出了我国汽车业实施国际化竞争的动因和必要性,并分析了采取兼并收购等方式在目的国投资以绕开贸易壁垒的国际化竞争之路,从而为我国汽车业实施国际化竞争提供可以选择的方法。

第5章　我国汽车业国际化竞争的策略分析

我国汽车业面对国内外激烈的竞争环境,在国际化竞争中存在着诸多的不足,竞争力较弱,但由于庞大的全球市场以及与国外知名企业的各种合作,使得我国汽车业又具有较大的发展潜力。面对纷繁复杂的国内外环境,可以说,我国汽车业既存在较大的发展机遇,又面临巨大的挑战,这需要在国际化竞争的征程中,采取较为合适的进入和竞争策略。本章将在前面的分析基础上,根据我国汽车业自身发展的实际,对其国际化竞争的进入、市场竞争策略等给予较系统的分析。

5.1　我国汽车业国际化竞争的进入模式

当前,国际宏观经济形势复杂多变,国内通货膨胀压力加剧,原辅材料价格上涨趋势明显,货币政策从宽松走向稳健收紧,企业的经营环境将面临更加严峻的挑战。这需要我国汽车业在全球化竞争策略中做足功课:首先,企业必须拥有竞争性优势或内部优势;第二,企业要通晓和理解拟进入目标国家的政策、法律、法规;第三,企业要使“走出去”的风险减少到最小,最好先尝试通过出口和契约等模式进入海外市场,在获得了足够的多国经营经验与能力后再考虑实施并购模式。这种策略的选择符合我国汽车的实际情况,有着较为现实的策略目的。

5.1.1　国际化竞争的最终目的是带动产业全球化

我国汽车业国际化竞争可分为初级、中级和高级三个阶段。跨国汽车公司进入我国进行合资合作大多都符合这种规律。以产品出口为标志的国际化竞争是初级阶段,又称贸易式阶段。以组建合资企业和独资企业等股权联盟为标志的国际化竞争是高级阶段,又称投资式阶段。以技术许可等非股权联盟为标志的国际化竞争是中级阶段,又称契约式阶段。按照国际渐进理论推断,企业实施国际化竞争通常会按照由初级到中级再到高级的程序进行,也就是会采用由贸易式到契约式再到投资式的战略竞争路线。

汽车产业是世界上全球化程度最高的产业之一。扩大出口有利于推动汽车生产企业参与全球分工与合作,在国际竞争中提升汽车产业发展水平。汽车能否大规模出口已成为一个国家汽车产业是否具备国际竞争力的重要标志,它也是提升我国汽车总体水平和国际竞争力、实现可持续发展的必然途径。

汽车产品出口只是汽车产业全球化的一个初级阶段,扩大汽车产品出口的目的不仅仅是将产品全球化,其本质在于借助产品的全球化实现企业的全球化,进而带动一个产业的全球化。一国的产业要想在国际分工体系中发挥更重要的作用,单纯地依靠以产品出口为标志的贸易模式进入国际市场是不会有大发展和大作为的。要逐步尝试以技术许可等契约模式、组建合资企业和独资企业等投资模式和多种模式并存的国际化经营竞争策略,以实现企业的长期可持续发展。

5.1.2 进入模式决定国际化竞争的成败

根据前面的分析,企业进行国际化竞争的进入路径可以有多种策略模式选择,除了出口和并购外,还包括贸易进入模式、契约进入模式、投资进入模式等。

一般来说,海外市场进入模式选择决策,在很大程度上还取决于企业在目标国的进入程度、控制(控制是指企业在某一海外市场对运作系统、方法以及决策等方面的影响程度)水平,以及资源承诺等多个方面。因此,海外市场的进入模式选择被认为是决定企业国际化竞争成功与否的关键性策略之一[160]。

贸易进入模式是以向目标国出口商品的方式进入该国市场,通常这种方式被认为是风险最小、资源承诺以及财务和管理方面投入最少的一种进入模式,同时也是进入其他国家最快的一种模式,当然,这种商品的出口可分为直接出口和间接出口。直接出口贸易进入模式具有资本投入少、容易实现区位优势等优点,其缺点是,关税与非关税壁垒可能导致出口产品失去与当地产品的竞争优势,运输成本很高,产品到达当地市场的时间过长,难以保持对当地市场需求的监测等。间接出口是企业通过中间商经销或代理出口产品,企业与国外市场无直接联系,不必承担出口风险,是汽车进行国外经营的起点。

契约进入模式[161]是企业通过与目标国家的法人订立长期的非投资性的无形资产转让合同以进入目标国家。企业选择契约进入模式,主要是在把国内生产出的产品销售到国际市场时出口方式受到限制,如运输成本太高,关税、配额等贸易限制太严等情况下进行的。在目标国市场较大、劳动力成本较低、政府鼓励外来资本投资的情况下,就更加有利于企业投资建厂、就地生产。契约进入模式与出口贸易模式不同之处在于,企业输出的是技术、技能与工艺,而不是产品。契约进入模式的优点是:绕过进口限制与投资环境障碍,避免高运输成本降低投资风险,在国外直接投资受到限制的国家可以从工艺技术上获得收益,节省项目运营时间。契约进入模式的缺点是,只有当企业具备先进的技术或突出的品牌时才有效,面临产生新竞争者的风险,因合同期限而导致灵活性较差。

投资进入模式是通过直接投资进入目标国家,即企业将资本连带本企业的管理技术、销售、财务以及其他技能转移到目标国家,建立受本企业控制的分公司或子公司[162],这种模式的缺点是:对财务、管理等资源方面有更大的承诺会因投资回报时间过长导致初期成本过高,也会因投入成本过高而导致公司的战略调整缺乏灵活性。

投资进入模式又分为新建和并购进入两种具体模式,新建模式是指在目标国设立工厂或建立公司,而并购进入模式又称为兼并进入模式与收购进入模式,是通过对目标国现有企业进行兼并和以获得经营控制权为目的的股权收购,主要缺点是:寻找和评估并购对象十分困难。

不同的企业要根据本企业的发展实际以及目标市场的情况来选择不同的竞争模式,根据这几种策略模式的特点可以看出,不同的策略选择对应着不同的竞争环境,可以说,在追求产业全球化的国际化竞争目的下,策略模式的选择决定着我国汽车国际化竞争的成败。

5.1.3 我国汽车企业进入模式选择

现阶段,我国不少汽车企业已实施了"走出去"的国际化竞争策略,且取得了较好的效果,这些进入模式具有如下特点。

第一,贸易模式(主要是出口)是目前我国汽车企业国际化竞争的主要策略模式。目前,我国汽车企业的出口具有以下特点:

①从出口企业性质看,整车出口以自主品牌或具有自主知识产权的产品为主,其中长城汽车公司、奇瑞汽车公司、江铃汽车公司、哈飞汽车公司、吉利汽车公司等正在成为出口的主力军;合资企业轿车出口所占的比例较低,合资企业仍以国内市场竞争为主。

②从出口目标市场看,我国整车出口市场70%在发展中国家,主要市场是中东、非洲、东南亚等,而欧盟和美国等发达国家仅占30%。汽车零部件的出口市场与整车情况截然相反,其产品市场的70%面向发达国家[163]。

③从出口产品结构看,我国整车出口特别是轿车出口以适应发展中国家中低端市场需求为主,短期内不会出现与主要跨国汽车公司的正面竞争。也可以说,目前我国整车出口(尤其是轿车出口)市场面临的竞争者主要是国内企业本身。

第二,契约与投资(战略联盟、投资建厂等)模式是我国汽车国际化竞争的辅助策略模式。

中国国际经济贸易经济合作研究院一项关于中国企业海外投资的调查研究表明,48.4%的受访企业表示,将在两年内在海外进行投资,70%的企业4年内会为扩展海外业务做好准备,20%的企业预期其海外投资总额将超过1000万美元。

2006年,商务部和发改委认定奇瑞汽车有限公司等44家企业和万向集团公司等116家企业分别为国家汽车整车出口基地企业和国家汽车零部件出口基地企业。为有效地解决企业出口中遇到的信用和远洋运输能力这两大难题,政府部门还牵线搭桥将部分拟出口汽车分别与中国信用保险公司以及中国远洋运输公司组成长期合作的战略伙伴关系[164]。而一汽集团与俄方工厂合作,采取技术许可方式生产车型为SUV和皮卡的汽车产品,车型将采用一汽品牌,所有零部件从中国进口,由一汽授权在俄罗斯进行组装,并对俄方伙伴进行技术和人员培训[165]。同年,宇通与中国出口信用保险公司签署了战略协议,该联盟的缔结可以为宇通的出口提供市场风险分析、买家资信评估、出口信用担保等多方面的服务,成为汽车行业中第一家与出口信用保险公司结成战略联盟的企业。

我国的汽车在实施“走出去”的国际化竞争中,除了信用合作的短缺与货物运输受限外,还存在品牌知名度低、关税及非关税壁垒、行业管理混乱等问题,采用战略联盟等手段来解决这些问题不失为一种好的办法。2003年奇瑞就在伊朗建立合资厂,2004年又授权马来西亚的ALADO公司制造、组装、配售和进口代理奇瑞轿车。2006年奇瑞汽车与马来西亚最大的汽车制造商宝腾汽车下属一家汽车工业公司组建战略联盟,双方宣布相互为对方组装汽车以及进入对方市场。长安集团在2005年初在巴基斯坦建立生产线;同年吉利汽车控股有限公司与IGC集团签署合作协议,在马来西亚制造、组装和进口吉利汽车。2006年7月,东风汽车股份有限公司与乌克兰DAN工业投资控股集团公司在武汉签约,在乌克兰合资建设CKD(散件组装)工厂,主要生产“东风”轻型商用车系列产品[166]。

在实施“走出去”的国际化竞争中,我国汽车必须要根据自身的条件、市场状况、竞争特点等因素来综合判断,以确定最适合当时、当地具体情况的海外进入模式来拓展国际市场。在实施“走出去”的国际化竞争战略前,企业首先必须拥有竞争性优势或内部优势,在企业内部将市场风险和不确定性降低到最小,还可通过战略联盟等手段做强做大,迅速提升企业的国际竞争力。企业对拟进入的目标国家的政策、法律、法规的通晓和理解,也是考虑海外市场进入战略之前亟待解决的问题。企业要使“走出去”的风险减少到最小,最好先尝试通过出口和契约等模式进入海外市场,等获得了足够的多国经营经验与能力之后,再考虑实施并购模式[167]。

5.2 我国汽车业国际化竞争进入的影响及对策

按照前文的分析,我国汽车一般要实施“走出去”的国际化竞争策略,通过出口和契约以及企业间的兼并收购等方式来实现自己的策略目的。企业兼并收购的原因,从经济学上主要表现为:①企业为了自身的发展需要不断扩大生产和经营规模,这不仅要靠自身资本的增加,还需要多个资本的重组,即资本积聚和集中;②企业在有限的市场上激烈竞争,必然导致为消除竞争对手和获得垄断势力的企业兼并收购加剧,这既是市场竞争的结果,也是新的市场竞争的开始。

汽车行业属于寡头垄断市场,企业之间存在着相互依存性,在竞争过程中各厂商的决策行为必须考虑其他竞争者对它策略所做出的反应。

考虑 Bertrand 双寡头模型,两家寡头公司生产不同品牌、不同质量与不同包装的同类产品,企业 1 与企业 2 分别选择价格 p_1 与 p_2,对于企业 i 的需求函数为 $Q_i(P_i,P_j)=a-P_i+bP_j$,$(i=1,2,\ j=2-i)$ 其中,b 反映了企业 i 的产品对企业 j 产品的反映程度($|b|<1$)。不考虑固定的生产成本,而令同质化产品的边际成本为常数 c。现两家寡头企业同时选择他们的价格,$P_1^m=P_2^m=P^m=\dfrac{a+c}{2-b}$是博弈的 Nash 均衡[168],此时,两家企业各盈利$\left[\dfrac{a+(b-1)c}{2-b}\right]^2$。但两家公司如果合谋(合作或兼并),由$(P-c)D(P_i,P_j)$最大化,都取 $P_1^*=P_2^*=P^*=\dfrac{a+(1-b)c}{2(1-b)}$,则各获得利润$\dfrac{1}{1-b}\left[\dfrac{a+(b-1)c}{2}\right]^2$,显然,此时两家企业要获利更多。

5.2.1 国际化竞争导致的结果

假设原来区域市场中只有两家汽车企业 X、Y,它们所面临的市场需求函数分别为:

$$Q_X=Q_X(P_X,P_Y)=a-2P_X+P_Y,Q_Y=Q_Y(P_X,P_Y)=a-2P_Y+P_X \tag{5-1}$$

这样市场总的需求函数能保持为 $Q=Q_X+Q_Y=a-P_X-P_Y$。两家汽车企业生产的同质产品具有类似的成本情况,其边际成本为 c。由于企业定价要大于等于其边际成本,故 Bertrand 模型的一个条件为 $a>c$。此时,两家企业的利润函数分别为:

$$\Pi_X=(P_X-c)Q_X=(P_X-c)(a-2P_X+P_Y)$$

$$\Pi_Y = (P_Y - c)Q_Y = (P_Y - c)(a - 2P_Y + P_X) \tag{5-2}$$

两家企业在竞争中追求自身的利润最大化，则其一阶条件需满足：

$$\frac{\partial \Pi_X}{\partial P_X} = a + 2c - 4P_X + P_Y = 0, \frac{\partial \Pi_Y}{\partial P_Y} = a + 2c - 4P_Y + P_X = 0 \tag{5-3}$$

联立上两式，可得两家企业产品的均衡价格为 $P_X = P_Y = \frac{a + 2c}{3}$，两家汽车企业的利润分别为 $\Pi_X = \Pi_Y = \frac{2(a - c)^2}{9}$。

由于企业的国际化竞争，该区域市场增加了一家竞争企业 Z，在总的市场需求函数不变的条件下，各企业面临的需求函数分别变为：

$$Q_X = Q_X(P_X, P_Y, P_Z) = a - 3P_X + P_Y + P_Z$$
$$Q_Y = Q_Y(P_X, P_Y, P_Z) = a - 3P_Y + P_X + P_Z$$
$$Q_Z = Q_Z(P_X, P_Y, P_Z) = a - 3P_Z + P_X + P_Y \tag{5-4}$$

此时，三家企业产品的均衡价格为：$P'_X = P'_Y = P'_Z = \frac{a + 3c}{4}$

企业的均衡利润为：$\Pi'_X = \Pi'_Y = \Pi'_Z = \frac{3(a - c)^2}{16}$

显然，$P'_X < P_X, P'_Y < P_Y, P'_Z < P_Z$；且 $\Pi'_X < \Pi_X, \Pi'_Y < \Pi_Y, \Pi'_Z < \Pi_Z$。因此，可以得出结论 5-1。

结论 5-1：汽车企业的国际化竞争，会导致产品价格以及利润的降低，甚至会造成“价格战”的恶性竞争情况。

企业产品的“价格战”情况在我国已经明显显现，这里面包括外资品牌、合资品牌以及自主品牌，“价格战”最严重的后果会导致除边际成本后的产品利润收不回固定成本，就会出现一些企业存在的不寻常的“亏损生产”现象。

5.2.2 联合或兼并策略

为了避免国际化竞争中的恶性“价格战”现象，假设企业在实施国际化竞争中采用了联合、重组或者到对方市场进行兼并收购策略，使得市场中企业的数量减少，如 X、Y 两家企业联合为一家垄断企业，则总利润函数为：

$$\Pi = \Pi_X + \Pi_Y = (P_X - c)(a - 2P_X + P_Y) + (P_Y - c)(a - 2P_Y + P_X) \tag{5-5}$$

其利润最大化的一阶条件为：

$$\frac{\partial \Pi}{\partial P_X} = a + c - 4P_X + 2P_Y = 0, \frac{\partial \Pi}{\partial P_Y} = a + c - 4P_Y + 2P_X = 0 \tag{5-6}$$

这时两产品的均衡价格为：$P''_X = P''_Y = \dfrac{a+c}{2}$

两产品的均衡利润为：$\Pi''_X = \Pi''_Y = \dfrac{(a-c)^2}{4}$

显然，$P''_X > P_X$，$P''_Y > P_Y$，$\Pi''_X > \Pi_X$，$\Pi''_Y > \Pi_Y$。因此，可以得出结论 5-2。

结论 5-2：在汽车企业国际化竞争中，企业间的联合或兼并收购可以提高产品的均衡价格和均衡利润，从而可以提高企业的市场竞争力。

企业间的联合或兼并收购可以在一定程度上实现规模收益的递增，这在生产较为集中的汽车行业尤为重要。而且，具有规模经济的大汽车企业之间进行联合或兼并收购是减弱或避免“价格战”从而降低行业内恶性竞争的方法之一。

5.2.3 产品差异化策略

由于 b 反映了产品间的替代程度，即产品差异化情况。现增加两家汽车企业产品的差异性，b 值由原来的 1 降低为 0.5，则 X、Y 两家企业面临的需求函数调整为：

$$Q_X = Q_X(P_X, P_Y) = a - 1.5P_X + 0.5P_Y,\ Q_Y = Q_Y(P_X, P_Y) = a - 1.5P_Y + 0.5P_X \tag{5-7}$$

两家企业产品的利润函数为：

$$\begin{aligned} \Pi_X &= (P_X - c)Q_X = (P_X - c)(a - 1.5P_X + 0.5P_Y) \\ \Pi_Y &= (P_Y - c)Q_Y = (P_Y - c)(a - 1.5P_Y + 0.5P_X) \end{aligned} \tag{5-8}$$

由 $\dfrac{\partial \Pi_X}{\partial P_X} = 0$ 及 $\dfrac{\partial \Pi_Y}{\partial P_Y} = 0$ 可以解得两产品此时的均衡价格为：

$$P'''_X = P'''_Y = \frac{14a + 21c}{35} \tag{5-9}$$

此时两家企业产品的均衡利润为：

$$\Pi'''_X = \Pi'''_Y = \frac{6(a-c)^2}{25} \tag{5-10}$$

显然，$P'''_X > P_X$，$P'''_Y > P_Y$，$\Pi'''_X > \Pi_X$，$\Pi'''_Y > \Pi_Y$。从而可以得出结论 5-3。

结论 5-3：在汽车企业国际化竞争中，增加产品的差异性可以提高产品的均衡价格及均衡利润，从而可以减弱恶性的价格战。

增加汽车产品的差异性，避免生产类似的同质产品，这是降低市场价格战的主要方式。这可以通过新产品开发、产品改良、细分产品市场等方式来加以实现。

5.2.4 联合重组的“囚徒困境”

在现实的汽车企业国际化竞争中,企业间的合作或重组往往是失败的,在我国的表现是国内自主品牌相互竞争、多数企业选择与国外知名企业进行合作,区域汽车产业在国际化竞争中易陷入“囚徒困境”。

在国内,汽车与区域经济的深刻关系,使得两个区域的A、B汽车寡头连同区域的当地政府,均希望在发展区际交往中增大自己的区域利益,强化区域优势。每个区域产业都明确自己的处境及其面临的选择,如合作(例建立某种产品的市场分割协定,共同参与竞争),则可谋求共同成长与发展。但两个区域的A、B汽车产业寡头中如果A汽车企业合作,B汽车企业不合作(如违反市场分割协定,将自身包袱交付对方),则非合作方B将获得更多利益,而合作方A却因合作而丧失自身利益,这是合作方A不愿意看到的。

为简化,假设A、B两个区域汽车企业在联合与竞争的得益情况如图5-1所示。

		企业B	
		合作	竞争
企业A	合作	(3,3)	(0,5)
	竞争	(5,0)	(1,1)

图5-1 两汽车合作竞争收益矩阵图

显然,帕累托最优解为(合作,合作),此时各企业的利益为$\Pi_A=\Pi_B=3$,社会福利也达到最大值6,然而,在两个区域产业往来过程中,对每一区域都有利的都是采取不合作的竞争策略。当一方采取竞争对策时,则得益均远大于采取合作的对方。因此,以完全理性为前提的区域产业关系按市场法则所得结果必然是不经济的(1,1),A、B双方都将选择竞争,也即是(竞争,竞争)是博弈的最终解。

两家汽车寡头在国际化竞争中所陷入的“囚徒困境”,实际上是缺少区域产业间的沟通和信任以及政府部门的协调和监管,我们以政府的利益惩罚和补偿为例,为了加强两企业A、B间的合作,如果政府对有采取竞争者将被重罚2.5,而对于竞争方的另一合作方将补偿2.5,此时,两家企业的得益矩阵如图5-2所示。

		企业B	
		合作	竞争
企业A	合作	(3,3)	(2.5,2.5)
	竞争	(2.5,2.5)	(-1.5,-1.5)

图5-2 政府奖惩后两汽车合作竞争收益矩阵图

此时,该博弈只有一个 Nash 均衡解,即(合作,合作),博弈的结果使双方都将得到最大利益 $\Pi_A = \Pi_B = 3$,社会福利也将达到最大值 6,而采取竞争方在严厉重罚下无利可图,在利益驱使下,会转向合作,博弈结果达到最优。

从以上的分析,可以得出结论 5-4。

结论 5-4:在汽车企业国际化竞争中,汽车企业自身的市场行为往往不能实现企业间的联合重组,这需要政府有效的奖惩措施等必要的监管来加以推动。

因此,为了遏制汽车产业中的恶性竞争,加强产业间的合作,不仅需要产业本身间的交流和协调,更需要市场机制之外的政府力量的介入。政府引导本区域产业内竞争企业加强合作,不仅使企业自身实力增强,还能在与国外企业的竞争中获得一定的优势。因此,政府引导汽车产业内的合作或重组会使区域产业有利可图,但这必须要求政府切实采取有效的奖惩措施来加以推动。

5.3 我国汽车业国际化竞争中兼并收购策略的提出

企业兼并收购的原因,从经济学上主要表现为:①企业为了自身的发展需要不断扩大生产和经营规模,这不仅要靠自身资本的增加,还需要多个资本的重组,即资本积聚和集中;②企业在有限的市场上激烈竞争,必然导致为消除竞争对手和获得垄断势力的企业兼并收购加剧,这既是市场竞争的结果,也是新的市场竞争的开始。

我国汽车企业在国际化竞争中也已经出现了兼并收购策略的实施情况,但由于国内汽车企业实力较弱,不少企业采取了与国外知名企业进行合作的策略,但在国外市场的争夺中效果欠佳。本节以 Cournot 竞争模型为基础,来分析国际化竞争中兼并收购策略的具体效用,从而为我国汽车企业提供策略借鉴。

5.3.1 排他性竞争下的汽车企业兼并收购

假设某区域市场上存在 n 家生产同类产品的汽车企业,行业壁垒较高以致外部企业较难进入该行业,市场的需要函数为 $P = a - bQ$,每个企业的生产成本为 $C(Q_i) = cQ_i, i = 1,2,3,\cdots,n$,暂时不考虑企业兼并收购后成本的变动。兼并前,每个企业最大化自己的利润,即:

$$\max_{Q_i}\Pi_i = \max_{Q_i}[(a - bQ - c)Q_i] \qquad (i = 1,2,3,\cdots,n) \tag{5-11}$$

根据一阶条件可得市场的总产量及总利润为:

$$Q' = \sum_{i=1}^{n} Q_i = nQ_i = \frac{n(a-c)}{b(n+1)}, \Pi' = \frac{n(a-c)^2}{b(n+1)^2} = n\Pi_i' \tag{5-12}$$

市场中产品的价格为：$P'=\dfrac{a+nc}{n+1}$

如果在国际化竞争中，其中的$m(m<n)$家企业合并成一个领头企业Y，则Y企业与其余的$n-m$家企业构成Stackelberg寡头竞争。企业Y首先选择产量Q_Y，其余的$n-m$家企业则根据领头企业的产量来分别选择自己的产量Q_i，$(i=m+1,m+2,\cdots,n)$。为了得到该问题的纳什均衡，需要借助逆向归纳法来加以求解。

未合并的$n-m$家企业分别追求自身的最大化利润，即：

$$\max\Pi_i^M(Q_Y,Q_{m+1},Q_{m+2},\cdots,Q_n)=\max\left[\left(a-c-b\left(Q_Y+\sum_{i=m+1}^{n}Q_i\right)Q_i\right)\right] \tag{5-13}$$

从而可以得到：$\sum\limits_{i=m+1}^{n}Q_i^M=\dfrac{n-m}{n-m+1}\left(\dfrac{a-c}{b}-Q_Y\right)$，$Q_i^M=\dfrac{1}{n-m+1}\left(\dfrac{a-c}{b}-Q_Y\right)$

领头企业的利润函数变为：

$$\Pi_Y^M(Q_Y,Q_{m+1},Q_{m+2},\cdots,Q_n)=\left[a-c-b\left(Q_Y+\sum_{i=m+1}^{n}Q_i\right)\right]Q_Y \tag{5-14}$$

根据利润最大化的一阶条件可解得各企业的均衡产量为：

$$Q_Y^M=\frac{a-c}{2b},Q_i^M=\frac{a-c}{2b(n-m+1)}\qquad(i=m+1,m+2,\cdots,n) \tag{5-15}$$

该区域市场行业总产量为：$Q^M=\dfrac{(a-c)(2n-2m+1)}{2b(n-m+1)}$

各企业的利润情况分别为：

$$\Pi_Y^M=\frac{(a-c)^2}{4b(n-m+1)},\Pi_i^M=\frac{(a-c)^2}{4b(n-m+1)^2} \tag{5-16}$$

根据上面的结果，可以得出结论5-5。

结论5-5：在汽车国际化竞争中，参与合并的企业其利润大于合并前的利润总和，兼并收购使企业有利可图；而对于未参与兼并行为的其他$n-m$企业，当满足$m\geqslant\dfrac{n+1}{2}$时，其产量和利润都大于之前的情况；而当满足$m\leqslant\dfrac{n+1}{2}$时，兼并收购使得行业的总产量增加。

容易证明：$\Pi_Y^M\geqslant m\Pi_i'$；

当$m\geqslant\dfrac{n+1}{2}$时，$Q_i^M\geqslant Q_i'$，$\Pi_i^M\geqslant\Pi_i'(i=m+1,m+2,\cdots,n)$，这说明，对于未参与兼并收购的跟随企业在市场竞争中存在“搭便车”情况。

当$m\leqslant\dfrac{n+1}{2}$时，$Q^M\geqslant Q'$，行业总产量大于兼并后的情况。

5.3.2 规模成本递减下的汽车企业兼并收购

事实上,汽车制造行业存在着较明显的规模经济性情况,合并后的企业具有较低的边际成本。这里可作如下假设:

(1)该区域市场上存在的 n 家企业,其产品的市场需求为 $P\left(\sum_{i=1}^{n} Q_i\right)$,成本不仅与产量有关,还与企业的资产规模 F 有关,即成本为 $C(Q_i, F)$;

(2)合并企业满足规模成本递减,即 $\sum_{i=1}^{m} C(Q_i, F) \geqslant C\left(\sum_{i=1}^{m} Q_i, mF\right)$。

合并前各个企业的利润水平为:

$$\Pi_i'' = P\left(\sum_{j=1}^{n} Q_j''\right) Q_i'' - C(Q_i'', F) \qquad (i = 1, 2, 3, \cdots, n) \tag{5-17}$$

合并前汽车古诺竞争下的纳什均衡的必要条件需满足:

$$P\left(\sum_{j=1}^{n} Q_j''\right) + \frac{\partial P\left(\sum_{j=1}^{n} Q_j''\right)}{\partial Q_i''} Q_i'' = \frac{\partial C(Q_i'', F)}{\partial Q_i''} \tag{5-18}$$

汽车国际化竞争中,其中的第 1 至 m 家企业合并成一家企业 Y,则合并后的企业利润为:

$$\Pi_Y^M = P\left(\sum_{j=1}^{n-m+1} Q_j^M\right) Q_Y^M - C(Q_Y^M, mF) \tag{5-19}$$

剩余的未合并企业的利润为:

$$\Pi_k^M = P\left(\sum_{j=1}^{n-m+1} Q_j^M\right) Q_k^M - C(Q_k^M, F) \qquad (k = 2, 3, \cdots, n-m+1) \tag{5-20}$$

企业 Y 和未合并企业的利润最大化条件分别为:

$$P\left(\sum_{j=1}^{n-m+1} Q_j^M\right) + \frac{\partial P\left(\sum_{j=1}^{n-m+1} Q_j^M\right)}{\partial Q_Y^M} Q_Y^M = \frac{\partial C(Q_Y^M, mF)}{\partial Q_Y^M}$$

$$P\left(\sum_{j=1}^{n-m+1} Q_j^M\right) + \frac{\partial P\left(\sum_{j=1}^{n-m+1} Q_j^M\right)}{\partial Q_k^M} Q_k^M = \frac{\partial C(Q_k^M, F)}{\partial Q_k^M} \qquad (k = 2, 3, \cdots, n-m+1) \tag{5-21}$$

在满足规模成本递减情况下,根据合并前后的利润状况可以得到结论 5-6。

结论 5-6:在汽车国际化竞争中,及存在规模经济的条件下,参与合并的企业其利润大于合并前的利润总和,兼并收购使企业有利可图。

证明:这里主要比较合并后企业 Y 的利润变化情况。

$$
\begin{aligned}
\max \Pi_Y^M &= \Pi_Y^M(Q_Y^M, Q_2^M, \cdots, Q_{n-m+1}^M) \geqslant \Pi_Y^M\left(\sum_{j=1}^{m} Q_j'', Q_{m+1}'', \cdots, Q_n''\right) \\
&= P\left(\sum_{j=1}^{n} Q_j''\right)\sum_{j=1}^{m} Q_j'' - C\left(\sum_{j=1}^{m} Q_j'', mF\right) \qquad (5\text{-}22) \\
&= \sum_{i=1}^{m} \Pi_i'' + \sum_{i=1}^{m} C(Q_i'', F) - C\left(\sum_{i=1}^{m} Q_i'', mF\right) \geqslant \sum_{i=1}^{m} \Pi_i''
\end{aligned}
$$

因此,合并后企业的利润水平增加,结论得证!

5.3.3 兼并收购策略对我国汽车企业的启示

通过上面的分析,可以得出以下明显的结论:

①只为获得更多垄断势力而合并的企业可能会盈利;

②追求规模收益是汽车企业合并的动机之一。

当然,这些结论是在企业数量竞争以及产品同质化前提条件下得出的,但这符合汽车行业的实际情况。

通过上面的分析,可以看出,我国汽车企业要进行国际化竞争,通过兼并收购方式可以减少自己的竞争对手而获得垄断势力,且同时扩大自己的生产经营规模必将成为企业的发展策略或一种发展趋势。对于汽车行业,企业面对的市场已不是单纯的国内市场,而是整个国际市场。而同时,我国庞大的国内汽车市场需求也是发达国家汽车发展的主要对象,与这些知名国际企业相比,我国汽车规模显得过小,竞争实力明显偏弱。到目前为止,我国汽车行业仍无一家企业在国外发达国家市场占据主导位置或具有较强的影响力。

我国的汽车企业要扩大生产经营规模,只靠自身的资本积累显然远远不够,必须要加快企业资本积聚的步伐,即通过企业间的兼并收购手段来迅速使一些优势企业扩大规模,获得市场实力。

而纵观国内汽车市场的激烈竞争情况,国内自主品牌汽车的竞争优势较少,难以抵御国外大型汽车企业的竞争冲击,这需要由政府来主导、由企业来参与的行业兼并重组,以尽快形成国内市场上的优势企业,从而才能更多地去参与国外市场的生产和经营。

显然,我国汽车企业先国内、后国外的兼并重组道路已显得格外紧迫,这不仅与国外知名汽车企业对我国市场的紧密控制有直接关系,也与国内企业发展较晚、技术储备不足有关。

5.4 我国汽车业国际化竞争的策略措施

上面分析了我国汽车业国际化竞争的进入模式选择,而在日益激烈的国际大市场上,还是存在着较大的发展机会,特别是那些发展中国家市场、汽车产业落后的区域市场。而对于欧美等发达国家市场,由于其需求量大、汽车产业发达,将会成为世界各大汽车企业同台竞技的场地。但不管如何,对于我国年轻的汽车产业来说,在国际化竞争的道路上,必须清醒地认识到自身的特点和不足,熟悉国内外市场的各个环境,从而采取适合自身的竞争策略。

根据前文我国汽车市场现状及环境的情况,本书从策略方针、具体策略措施、策略转型等三个方面提出了其具体的国际化竞争策略体系(见表5-1),更加全面。

我国汽车国际化竞争的策略体系 表5-1

策略方针	具体策略措施	策略转型
1. 立足国内、放眼全球; 2. 通过"绿地投资、国际并购"做到"优势互补"; 3. 以"建立研发机构,掌握核心技术"为核心,以品牌立足为目标	1. 进入汽车服务市场,寻找新的利润增长点; 2. 利用新概念和个性化设计打开销售; 3. 品牌自主是突破外国企业制约的根本出路; 4. 适应市场发展,寻找新的销售模式	1. 从订单拉动产品到市场拉动产品、产品拉动市场; 2. 从关注国内同行业到关注国际同行业; 3. 从重视销售数量到重视销售质量; 4. 从资源配置的订单导向到资源配置的规划与市场导向; 5. 从产品本身销售到营销组合销售

5.4.1 我国汽车企业国际化竞争的策略方针

我国汽车企业进入国际市场面临着不少困难与挑战,然而必须指出的是实施企业国际化的过程中不能亦步亦趋地学习跨国公司的模式,吸收经验的同时要结合我国国情和我国汽车的特点,立足于自身的出发点,创造出适合的发展途径。

1)要做到"立足国内、放眼全球"

针对我国汽车市场的巨大消费力,根据前文的分析,我国汽车业实施国际化竞争的基本对策是"立足国内、放眼全球"。我国汽车企业要想进军国际市场,首先必须在国内做大做强,国际竞争力靠的是企业自身的实力。其实我们只要看一眼周围的跨国企业就十分清楚了,微软、IBM、诺基亚、三星,这些世界级大企业都是在本领域里,或最起码是自己国家里做到老大的位置,才去冲击国际市场。因此,要想在国际市场有所作为的企业,一定要先立足于国内市场,待竞争优势和核心能力达到行业领跑者后,进入国际市场便是水到渠成的事情[169]。

在努力做好国内市场的同时,无论企业现在是否进入国际市场,企业的发展战略和竞争观念都应该是放眼全球的,在对国际市场行情与相关信息进行科学研判的基础上,科学制定研发、投资、营销和人力资源等企业战略。在此过程中,企业要学习国际营销规则,实施"以观念创新为先导,以技术创新为基础,以产品品质为核心,以服务创新为突破,以管理创新为保障"的全方位营销创新思路,以提升其国际市场竞争力。

2)要通过"绿地投资、国际并购"做到"优势互补"

国际化竞争要对不同特征的市场采取不同的发展策略,避免市场进入的盲目性:对于市场潜力较大的重点市场,采取海外合资建厂模式,进行本地化生产、本地化销售,实现本地化服务;对于贸易壁垒较小的非汽车生产国,加强海外市场组织,继续推行本地化销售;对于销量较小的发展中国家市场,应继续采取出口贸易、边境贸易等方式,加速推进零部件组装出口模式。我国汽车产业国际化可以分为两方面:绿地投资和国际并购。绿地投资就是中国企业到出口国建厂。例如,奇瑞在巴西一期工程将投资1亿多美元,形成年产5万辆的规模,二期工程将形成15万辆的规模。而产业国际化非常重要的另一个方面就是国际并购。成功案例如吉利收购沃尔沃,它并购的沃尔沃资产评估值超过15亿美元,包括自主知识产权、产能以及全球网络和人才,特别是4000多名高素质研发人员[170]。

综观世界汽车国际化竞争的发展过程,近年来,强强联合占据了主导地位,即进行国际化合作的双方都在行业中占据相当的份额,都拥有雄厚的经济实力,双方的资源优势、人才优势、技术优势和市场优势的汇合和互补,使得合作后的企业具有更强的竞争能力和垄断地位。德国戴姆勒—奔驰公司与美国克莱斯勒公司的合并分别在欧洲和美国市场上占有较大份额,但一直受到来自同行业其他企业的强有力竞争[171]。二者合作以后,可以联合起来共同开发新产品,在欧洲和美洲扩大销售,从而大大增强了市场份额。

3)以"建立研发机构,掌握核心技术"为核心,以品牌立足为目标

在海外设研发中心,"借脑"发展,这是取得国际化竞争成功的一个关键,这方面的例子也较多。2003年,重庆长安在意大利都灵成立海外研发中心,2006年成立欧洲设计中心;中顺把汽车的造型中心设在了美国的洛杉矶等[172]。

我国大部分汽车生产企业生产的是低端汽车,面对市场规模的缩小,利润的迅速减少,厂家要找到新的利润增长点就必须建立自己的技术研发部门,努力开发新技术、新车型打入中级车市场。现在汽车产业的投资热虽然使汽车生产竞争加剧,但也为解决资金问题提供了契机,只要可以有效地利用资金就可以迅速地建立自

己的研发队伍，掌握在日后竞争中所必需的核心技术。从2010年上半年的销售中可以看出曾经风光一时的经济型小车大受冷落，市场表现大不如人意，整个经济型轿车低端市场销量并没有拉开较大的差距，稍有不慎就会被后来者赶上[173]，且经济型轿车低端市场整体份额减少的趋势在日益加剧。

与此相对应，从目前市场分析报告中得出，我国汽车出口依然主要依赖中东、非洲、南美洲，在国际含金量最大的欧美市场仍少有涉足，这和欧美地区强制实施远高于其他国家的高标准不无关系。而国内长城汽车却将2010年着力的海外市场定为欧洲市场，力求国内销售与海外出口份额实现1:1。长城汽车布局欧盟市场的信心源自自身对品质的追逐，以及长期以来不懈的投入。试验中心、试制中心、模具中心等在国内企业中罕见，先进的技术试验场地让其产品品质远高于国内水平；国内最大的模拟环境排放实验室、整车和零部件疲劳实验室、先进的发动机研发实验室、汽车碰撞实验室以及道路试验场等尖端设施，更是达到国际一流水平。可见，长城汽车将2010年海外市场押宝欧洲，各方面准备业已成熟[174]。

我国汽车企业实施"走出去"竞争，布局海外市场已不再是新鲜事，但能够在欧美市场立住脚跟，与国际一流汽车同场竞技的消息却鲜见报端。业内专家指出，出口国外市场并不一定意味着国际化，我国汽车国际化竞争战略更应该是在国际市场上拥有主流的话语权，拥有世界级的产品做支撑。

欧盟WVTA认证绝非一劳永逸，而出口欧洲应该成为我国汽车海外市场的核心内容。我国汽车出口市场由亚非逐渐转向欧美，这种变化随着长城汽车获得欧盟认证变得更加清晰，市场的转变也见证着我国汽车不寻常的海外战略。从最初对量的追求到现在实现质的突破，从主销亚非拉到包括欧盟27国在内的全球市场，不但是长城汽车的目标诉求，这也将成为今后我国汽车行业发展的方向[175]。

当长城汽车发出准备走入欧洲汽车市场的声音时，不仅意味着开始了一种企业层面的超越，更是传达了整个中国汽车行业发展的愿景[176]，这是被大家广泛认可的，它代表着我国汽车出口正在逐步摆脱中低端市场，向高端市场迈进。

对于汽车这种直接消费品来说，通过产品的品质和技术的先进性传递品牌信息是终极解决之道，单靠广告宣传无法增强品牌的美誉度和消费者的忠诚度。我国汽车品牌走出去必须依靠建立自己的技术体系和优质的产品，在技术、质量、安全和可靠性等方面实现突破。我国汽车企业一定要加大自主品牌的研发投入，重视品牌建设，同时更要保证汽车质量，通过优质的产品和具有竞争力的价格已经优秀的售后服务水平去赢得世界范围内消费者的青睐和认可，进而实现品牌全球化。而对于出口到的新兴市场，一定要重视服务、维修、零部件共赢以及其他相关的资源和基础平台建设，并提前做好相关工作，而出口到有着汽车产业的目标国家，就要提高法律和政策认识,深入理解当地市场和法律,防止贸易摩擦。

5.4.2 我国汽车业国际化竞争的具体策略措施

为了实现汽车业的国际化竞争,除了上面的战略对策外,更需要具体的策略措施,换句话说,需要对我国汽车实施国际化竞争策略进行具体化的分解,这里提出以下几点具体策略,以作为上节内容的支撑。

1)进入汽车服务市场,寻找新的利润增长点

目前,国内汽车销售额中制造商的比重依然偏大,而服务的比重过小,除金融、租赁等汽车服务有待加强外,汽车售后服务还有近10%的上升空间。近5年来我国汽车制造业以平均24.5%的速度高速增长,到2010年我国汽车保有量达到5600万辆,作为汽车市场结构的重要补充,我国汽车"后市场"的发展差距还很大。在国外成熟的汽车市场销售额中,配件占39%,制造商占21%,零售占7%,服务占33%。国内汽车市场销售额中配件占37%,制造商占43%,零售占8%,服务占12%[177]。企业可以依靠自己在行业中的经验转投汽车服务业,采取深度营销的方式[178],即通过在服务项目和服务内容的深度与广度上扩展,赢得客户的长期信赖和支持,培养客户的忠诚度,适应汽车消费的固有特征,迎合、强化汽车用户对深层次服务的要求依赖,实施市场结构优化战略,形成新市场竞争优势。

2)利用新概念和个性化设计打开销售

随着原料价格上涨和整车价格下降,厂家要实现利润还要靠营销的力量。现在的品牌概念大多以家庭的和谐与和睦为主题,汽车在作为家庭一个整体上的需求得到满足后就必然发展到作为个人的需求。消费者将更重视汽车的实用性以及售后服务,奇瑞QQ的畅销正是其个性化的设计和销售概念等营销手段的应用[179]。将来市场的主流概念将是个性化的汽车产品,而不是现在只有彰显身份和地位的作用,厂家只有密切注意市场的变化才可以在竞争中立足。

3)品牌自主是我国企业突破外国企业制约的根本出路

当初引进外资与本国企业合作的目的是要学习和吸收外国先进的技术和经验,提升自主开发能力。合作的过程中我国汽车生产企业并没有达到这个目标,发展到现在形成了外国车型一统我国汽车市场而国产自主品牌发展较为困难的尴尬局面。现在发展汽车自主品牌是民心所向,企业生产符合消费者需要的、有品质的自主品牌产品还是可以得到消费者青睐的,我国轿车工业已经发展了20多年,具备了一定的基础和相当的规模,形成自主开发能力、发展自主品牌的问题,就是在品牌和技术上的自主,归根到底是技术上的自主。只有这样才可以从一个国外汽车的装配厂蜕化为真正的汽车生产企业[180],进而在国际大市场上占据一定的

位置。

4)适应市场发展,寻找新的销售模式

随着轿车的品牌战愈演愈烈,单一品牌的4S店在我国还是雨后春笋般建立起来,并形成了集团化。虽然4S店销售模式在世界发达汽车销售市场上已经萎缩,但4S专卖店的销售模式,以其高质量的服务适应了我国当前消费者的心态,那就是汽车是显示身份地位的消费品。4S店的优劣不在于规模大小,而首先是功能的完善。消费者慢慢也喜爱上这种购车和修车的环境:有销售顾问一对一的介绍产品性能;买车后建立专门的业务跟踪档案;修车有舒适的休息区,甚至提供免费的餐饮。从我国《汽车品牌专卖管理办法》来看,专卖店不能设立分支机构展示或销售汽车[181]。汽车品牌专卖制度得到了政策面的肯定,汽车营销方式将以品牌专卖为主,其他营销模式将受到压制。从生产厂商的角度来讲,得渠道者得天下。所以将来的汽车销售模式有可能向若干个1S店相加发展,最后经过分工把销售和服务分开,维修和汽车美容相分离。只要把汽车销售、维修和内饰销售等1S店集中起来也可以达到服务上的规模效应。汽车的销售主要是在汽车超市里面完成,而维修则是由另外一个经销商代理,由厂家给予技术和零配件上的支持。

5.4.3 我国汽车业国际化竞争的策略转型

整体来看,目前,正值国内汽车出口企业纷纷由简单的国际贸易向销售模式、营销模式转型的起步或大力发展的初期,以至以后的3~5年内都将在国际化营销的初始阶段徘徊,届时将会有更多的成功或失败案例、更多的阶段性调整与反思。

很多汽车出口企业都在谈出口转型和海外国际化竞争,比较流行的解释是从贸易到营销的战略转型,这里,本书将其称为"国际化竞争的策略转型",从而能够很好地说明我国汽车现在和将来几年国际化竞争的策略转变情况。

1)从订单拉动产品到市场拉动产品、产品拉动市场

在以往的汽车贸易型销售模式中,主要销售工具是价格,中间商或代理商需要什么产品就推荐哪类产品,不需要了解对方的网络布局、长远发展能力及所属国家的产品主流需求与价格竞争格局,因此卖方基本没有价格博弈能力与谈判基础。

在产品需求上,主要针对外商提出的配置需求,根据订单进行临时或立项改进,未过多考虑其全面适应性与适应区域,造成产品改进或开发比较仓促、订单性质开发项目较多,不同代理商、不同订单、不同车型均会导致产品设计变更,使得公司资源分散、重复性开发较多,企业疲于应付,研发工作效率对销售开发工作影响较大。

当汽车出口企业开始有意识的研究市场后,企业会比较系统地提出相对清晰

的产品需求概念来指导产品改进或开发，走到由市场需求拉动产品的改进阶段，但是此阶段仍然解决的是生存问题而不是后续发展问题，而且当目标市场各地的这些没有梳理、没有产品策略的产品需求经过销售经理提报上来汇总后，就会发现这些需求涉及车型分散、涉及项目非常繁杂且没有任何主线，没有大量的人力、物力投入是很难完成的，且完成后可能会发现尽管满足了需求但却没有市场竞争力[182]。

在具体的产品竞争策略实施中，首先应系统地分析外部市场需求，然后根据自身资源进行未来产品的发展规划，找到产品发展主线与对应目标市场，然后在产品的发展主线上进行市场需求与功能的强化，同时渗入产品竞争策略，进行预判性产品开发，使产品开发成果不仅满足市场需求而且具有竞争优势，形成产品拉动市场局面。具体的策略实施如图 5-3 所示。

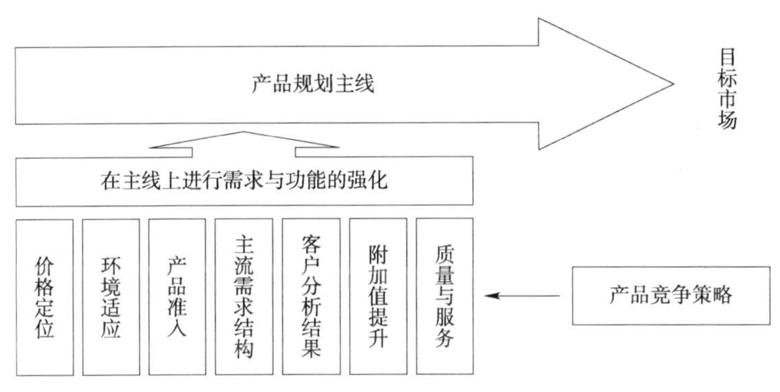

图 5-3　汽车出口产品竞争策略实施

当然，汽车产品属于较高技术含量的产品，在具体策略实施过程中需要注意以下几个细节：

一是产品规划中的汽车配套部件设计标准与供应商选择要具有前瞻性与一定时期的稳定性，避免车辆上市后由于认证要求又要重新选择供应商或开发新零部件，再者由于部分产品认证要求不能对汽车零部件供应商或设计随意变更，因此产品规划都要将这些体现出来，与国内市场有些不同。

二是价格定位不能只参考或考虑国内竞争企业，应以国际品牌企业的竞争车型为主要标杆，把国内企业竞争车型作为参考，要前瞻性地把自己置身于国际竞争环境下思考问题。

三是梳理出各目标市场未来的主销车型，然后在此基础上进行产品各项需求设计，没有产品策略和区域规划的产品销售是短期行为，无法在产品力的基础上有力展开其他营销组合。

四是产品竞争策略的结合，是整个策略的关键部分，这里包括产品差异化、与竞争对手差异的形成、核心竞争优势的建立，这是基于产品定位与市场定位后的关键步骤，是需要头脑风暴以及各级参与者仔细讨论后形成的。

五是在每个目标市场单元的进入前期，要找到产品切入的拳头产品，找到最有效的突破点，简化产品线组合，然后聚焦营销资源以支撑营销策略完成作业计划。

显然，这些具体策略相互支撑，且都是围绕产品的规划主线来对产品所进行的功能与强化，在它们的共同作用下才可能适应所针对的目标市场。

2）从关注国内同行业到关注国际同行业

目前，我国大部分汽车出口企业在进行市场研究时，还是主要把国内企业作为自身的主要竞争对手来研究，对其他国际品牌关注不足。而随着竞争态势的发展，全球化竞争已不可避免，企业要及时把研究范围扩大到国际品牌的相关产品和营销策略分析上[183]。

首先，国内汽车出口的起步虽然略有不同，但整体差距不大，均处在初期的摸索阶段，暂时或短期的销量突然提升不应该作为模仿的对象，热门的合作合资项目和 KD 项目也要理性分析，也许 2～3 年后才能看到真正的胜利者。

其次，当大家均在初期摸索阶段的时候，要想尽快形成竞争优势，就要突破目前左右看同行的态势从而朝前看，使自己眼界更为开阔，与强者竞争才能与强者共存。

最后，从全球竞争角度来看，国内企业出口销量总和在全球市场份额中还排不上名号，企业间的内部竞争并不能扩大海外目标市场的市场份额，大家共同努力才能形成我国汽车品牌国际影响力以及后续长期竞争力的提升。

3）从重视销售数量到重视销售质量

曾经，在汽车出口贸易主导时期，国内汽车出口企业非常重视出口数量、订单数量并引以为傲，掌握部分贸易渠道并有一定销售经验的贸易精英也因此成为企业重点人才而备受青睐。

在属于大型工业品的汽车营销领域，在出口营销导向时代，这类人才在汽车必须继续进行提升才能立足。企业不会再因几个订单就进行简单的价格折让而不顾盈利水平，也不想看到有了这批订单不知道下批订单在哪、在什么时候，也不会因为你有更多贸易资源而对你倍加尊敬，企业重视的是逐步形成有稳定、有计划、有周期性、有预见性的良性订单销售与渠道管理体系[184]，更重视的是长期合作与双赢，更关心的是企业形象而不是一锤子买卖。

如果大家今后几年还想在汽车制造企业的国际公司销售岗位上立足，而不是纯粹的外贸公司，那么请不要把那些简单的联系人和 Email 等符号看得太重，汽车主机厂如果想开发某一国家或市场，可能会派团队考察评估当地市场与销售渠道进而形成立体的进入策略，而不是简单的一个 Email 与人名那么简单，需要尽快提升的是营销意识与渠道开发管理能力、渠道运营分析与提升能力、商务谈判能力、政策组合沟通而非简单价格交涉能力、汽车市场推广的专业知识、对汽车本身及企业更为深刻的了解和认知能力。

4）从重视生存（订单销售）到开始重视发展（规划与策略）

一般情况，国内汽车出口企业的海外营销团队的发展历程均是在国内营销公司的编制中设立海外销售部，然后逐步发展成立国际公司[180]，在此过程中，优先发展的始终是销售团队，然后才先后成立市场部。

在市场部成立初期，了解市场情况的人员都在销售部，需要给销售提供方向和支持的市场部反而不如销售部门了解市场，而从销售部门抽调进市场部的销售经理更多的是贸易经验不足而无法完成深入详实的市场分析与方向性判断，因此海外市场部的角色颇为尴尬，心有余而力不足。

在竞争不激烈、市场机会较多时销售部作为先锋军扮演了无所不能的终结者角色，就像狼一样靠嗅觉靠眼睛对在视野内的猎物果断决策、行动迅速，不为别的只为生存，在企业层面就是抓单，关注的是今天[185]。企业慢慢会发现情况发生了变化，在企业胃口越来越大的背景下，诸如销量越多但利润越少、企业间差距越拉越大、回头客越来越少、客户抱怨越来越多等众多问题开始显现时，单兵作战的劣势就会愈发突出，市场部职能的出现成为历史必然，只是存在形式不尽相同而已，它应该更关注的是明天。

销售部对销售队伍与销售目标负责，市场部对营销组合的其他方面负责，这种安排可能会产生一定冲突，一是两个部门时间观点不同，销售人员必须达到销售目标，而市场人员则要为品牌发展长期投资；二是目标不同，市场经理对品牌产生的利润感兴趣，销售人员注重销售量，往往愿意削减价格和利润来实现大量销售额，利润在第二位，利润不足往往归咎于恶劣的市场条件；三是对于营销型导向的汽车出口企业，必须取得市场部与销售部之间的最佳平衡与相互辅助等共同发展的局面。当然，双方在关注顾客方面会有所不同，销售部更关注销售渠道商，市场部更关注终端使用客户的需求和感受。

为了确保企业在国际化竞争中的长期发展性，根据经验，在现阶段的我国本土汽车，其国际公司市场部应包含以下四个主要职能[186]：一是产品市场，负责公司新产品发展战略及现产品阶段性改进规划，即未来 1 ~3 年我们要向市场提供什么有价值的汽车产品组合来拉动市场推广，工作重点为产品创新与改进，完成新老产品定义；二是市场开发，负责现有产品的定位及市场推广战略，包括产品定位和价格策略、竞争策略、市场开发策略，要明确体现产品与竞品相比其价格体现在哪里；负责市场信息的研究分析反馈；三是市场推广，负责新老产品的具体宣传活动，如推广策略、促销活动的本土化、产品介绍等，激发市场需求，与市场有效沟通，形成清晰的品牌区隔[187]；四是销售支持，向销售渠道提供支持与管理，如产品认证、产品培训、竞争分析、销售技巧、销售工具等支持。

5）从资源配置的订单导向到资源配置的规划与市场导向

在汽车出口贸易型主导时期，研发、人力、生产、投资等公司资源的配置主要以订单导向完成，当意向订单评审时，才开始组织各部门进行可行性评估并部分立项开发，其结果必然造成项目开发周期短，投资回报不理想，无法成体系性、全方位地推动市场销售。

当在营销型出口策略主导时代，资源配置是基于市场规划落地的，而市场导向是制定市场规划与开发策略的作业原则，因此资源配置是最终按照市场导向需求来执行的[188]。

根据操作实践，市场规划其实就是对目标市场的再次细分并且进行分级，根据分级不同采取不同的开发策略和资源配置原则，在此基础上形成的作业计划结果才会有效推动最终订单的达成。

6）从产品本身销售到营销组合销售

在前几年的贸易时期，卖方与买方之间交易的主角是产品本身，主要在配置与价格、付款条件、交货周期等要素上进行交涉与妥协，注重单批次交易，卖方与买方是简单的上家与下家的关系，就是那些仅有的几家达成良好合作关系的代理商资源也主要是由于销售经理的个人魅力或其他因素促成的[189]。对公司的长期合作忠诚度不高，往往因为业务人员的离职而失去联系，这又造成了企业对优秀贸易经理的高度依赖。

在营销转型时期，单纯的产品销售比例开始减弱，营销组合销售开始出现，主要体现在以下几个特点上：一是在合作谈判中，卖方开始要求买方编制商务计划，体现1~2年的市场开发计划及资源投入，开始重视市场的长期开发和持续销售；二是买方将自身产品改进纳入到自身资源投入中去，主动进行该国的汽车市场研究和自身产品的竞争力策略设定，并与对方就产品的价格和策略展开讨论协商，开始发出自己对市场的看法和声音，对产品价格的设定有自己的主见；三是在合作商务谈判过程中，不再单纯进行产品价格本身的谈判，开始将市场推广支持、渠道建设支持、金融工具支持、产品联合开发设定等组合政策纳入谈判中来并体现在协议中，将触角延伸到终端销售市场，对市场销售前端开始进行不同程度的控制。

在售后服务方面，前几年处于边缘化地位，即有了问题再着手且平时少于关注,造成客户抱怨较多,买卖双方合作关系不稳固,甚至影响市场销售或退出部分市场;服务政策纳入产品销售的一部分成为产品组合进行业务推展,开始关注售后服务对产品销售甚至品牌认知带来的持续的、巨大的正面提升作用。在营销转型过程中,售后服务团队人数会迅速上升,对配件供应及时性与准确率、服务三包业务的快速响应、终端市场的售后技术支持都得到了极大改善,在双方洽谈合作初期就服务项目展开充分讨论并达成一致,且在终端市场就举办有关售后服务促销推广展开积极行动[190]。

显而易见,国际化竞争下的产品竞争实际上是一条从产品本身销售到营销组合销售的转变之路,关键是看谁能够有效地缩短其中的进程。

5.5 本章小结

结合我国汽车业国际化竞争中所存在的诸多不足以及所面临的各种环境,本章探讨了其国际化竞争下的策略选择,提出了我国汽车实施国际化竞争的对策建议,主要包括进入模式、策略方针、具体策略展开、策略转型等内容。另外,从经济学角度有针对性地分析了国际化竞争将会导致的结果以及解决这种结果的具体对策,并说明了汽车企业兼并收购的有效性问题。

本章的研究工作及成果较为丰富,主要包括:

(1)提出了我国汽车国际化竞争的进入模式,即先尝试通过出口和契约等模式进入海外市场,等获得了足够的多国经营经验与能力之后,再考虑实施并购模式。

(2)提出了我国汽车实施国际化竞争的一整套策略措施。在策略方针方面,重点提出了"立足国内、放眼全球""绿地投资、国际并购"等策略;在具体策略方面,重点提出了"进入汽车服务市场""品牌自主"等措施建议;在策略转型方面,重点提出了"从订单拉动产品到市场拉动产品、产品拉动市场""从关注国内同行业到关注国际同行业" 等策略建议,为我国汽车的国际化竞争提供决策依据。

(3)借助 Bertrand 双寡头模型,得出了汽车的国际化竞争,会导致产品价格以及利润的降低,甚至会造成"价格战"的恶性竞争情况,并给出了两种解决对策:联合兼并和产品差异化。但我国国内企业的联合重组陷入"囚徒困境"之中,为此需要政府采取有效的奖惩措施和必要的监管来加以推动。

(4)借助 Cournot 竞争模型,从理论上证明了,只为获得更多垄断势力而合并的企业可能会盈利,追求规模收益是汽车合并的动机之一。从而说明了我国汽车要进行国际化竞争,通过兼并收购方式可以减少自己的竞争对手而获得垄断势力,且同时扩大自己的生产经营规模必将成为企业的发展策略或一种发展趋势。

第6章 我国汽车业国际化竞争的风险控制

任何策略措施的实施都具有风险性，对于竞争力较弱的我国汽车，国际化竞争更是如此，而风险控制是汽车国际化竞争策略的重要内容之一。本章首先分析我国汽车国际化竞争所存在的风险情况，并进一步分析其成因，最后给出风险控制的对策。

6.1 我国汽车业国际化竞争所存在的风险

所谓国际化竞争风险，是指在企业国际化竞争中，因面临各种不利的复杂经营环境而导致企业国际化竞争受阻、受损甚至失败的状态。海外经营需要面对和国内完全不同的政治、法律、社会文化环境，同时还要应付复杂多变的经营环境，客观上要求我们必须增强风险意识，加强风险防控，防范可能出现的风险因素，最终实现企业国际化竞争的目标。

6.1.1 宏观环境风险

企业国际化竞争面临的宏观环境风险主要有以下两种：

(1)较多的政府干预行为、烦琐的资格审批手续、严格复杂的外汇管制等会给我国汽车对外直接投资与开展跨国经营等国际化竞争带来一定程度的风险。

近些年，遍布世界的东道国政府在吸引外国直接投资方面扮演着很重要的角色，东道国政府的各种政策干预以及贸易保护主义给汽车开展国际化竞争造成了巨大障碍。企业在国外投资设厂与经营必然受到东道国政府行政命令(即外国投资政策)的规范和制约，如东道国政府会对外企在本国的生产经营设置严格的管制条件，如工人保障标准、技术标准、产品认证、资本回收、本地化最低限额等，给企业海外直接投资造成了很大的政策障碍。这就要求我国汽车在进入时要严格考察对象国的宏观环境和政策，市场注入坚持“一次做对”的全流程质量预防理念，紧紧围绕“市场、现场、供应商”等中心环节，进一步完善质量透明化管理与激励体系[191]。在日常经营中，加强过程控制、后期审计制度，推进内控体系建设，在产品品质方面取得新突破。

(2)东道国宏观经济状况所带来的风险。

企业海外扩张,一般是以东道国的宏观经济发展为基础。由于企业在进行跨国竞争中,进入到了一个陌生的、无法控制的异国环境之中,外部环境特别是宏观经济状况的高不确定性构成了跨国竞争风险的根源,如贸易条款、利率、汇率、收支平衡、债务负担、对外贸易关系的变化等。例如当一国的国际收支出现逆差时,往往会采取限制出口、限制支付及调整利率等措施,导致本国货币贬值[192]。这些很可能发生的情况都会对企业的国际化竞争造成巨大的冲击和不利的影响。一国汇率和利率的变动是国内宏观经济波动的指向针,其变动会对企业在该国的直接投资、经营管理及利润回收等产生较大的影响,是企业国际化竞争需要面临的又一重大风险,如果汇率和利率波动过于频繁,企业在海外的投资就有可能遭受巨额损失甚至失败的风险。

6.1.2 行业环境风险

首先,随着外贸体制改革的深化,行业内自营进出口企业、三资企业迅速发展,使得企业国际化进程中所面临的国内外竞争对手日益多元化和复杂化,给企业的经营带来了较大的风险。在一定时期内,由于市场体制不够健全,改革措施尚待深入和完善,行业内竞争对手之间为了扩大市场份额往往会采取低价格的竞争策略,这样容易遭到企业所在地同行业的联合抵制,对企业的国际化竞争造成不良影响。

其次,政府信息导向机制不完善,信息互通情况较差,导致企业对东道国市场缺乏足够的了解。目前,大部分从事海外竞争的企业尚未建立起完善的信息系统,收集信息的能力较差,信息渠道不畅通,缺乏对东道国市场及竞争对手情况的充分了解和深入认识;加之政府的信息导向功能不健全、支持力度较弱,提供的信息不足,导致企业在开展国际化竞争中步履维艰。此外,由于信息不畅通导致的沟通不畅通现象严重,本土企业之间缺乏有效的协作,一听见有好的投资项目就蜂拥而入,纷纷投资上马,出现了一哄而上的局面,市场秩序比较混乱[193],最终会导致竞争的无序以及资源的浪费。

6.1.3 企业内部风险

当前,企业以出口方式开拓国际市场活动时,其货款的结算采用国际贸易结算方式。因此在进出口合同中,应对结算货款涉及的货币币种、付款时间、付款地点和付款方式做出明确规定,在双方磋商的基础上加以确定并认真执行。在确定国际结算方式时要综合考虑与其有关的价格条件、不同国家的货币和外汇政策、各国的金融制度和有关法律条款等等,如果结算方式选择不当,则会使企业蒙受损失。

此外,由于某些政治、经济等方面的因素所造成的出口外汇汇率的波动也会给企业造成一定的风险。

近年来,我国企业拓展国际市场中不断受到绿色贸易壁垒、蓝色贸易壁垒等贸易壁垒的冲击,成为企业开展国际化竞争的重要限制条款。发达国家通过设置与国际贸易挂钩的各种条款,以提高我国企业的生产成本,削弱企业产品发展的相对优势。如SA8000标准(企业社会责任)将劳工权利与订单挂钩,在一定时期和范围内增加了企业单个产品的劳动成本;此外,国际市场上各种绿色贸易壁垒、环境技术标准和环境法规也在大幅增加,给我国企业进入国外市场限制了严格的准入制度,意味着企业出口产品必须满足质量、包装上的一系列严格的环保法规和苛刻的技术标准,一旦出现问题就要承担严重的后果[194],而且这些在WTO框架下已经得到允许的绿色壁垒在可预期的未来还有不断加强的趋势。

此外,企业内部风险还包括产品、定价、分销渠道和促销等方面的风险[195],下面分别进行分析。

(1)企业在采取出口方式以开拓国际市场时,需进行货款结算,以结清买卖双方间的债权、债务关系(如有形贸易结算、记账贸易结算、出口信贷、综合类经济业务等),即进行国际贸易结算。企业的出口涉及不同的国家、货币、不同的结算方式和结算工具等。由于某些政治、经济和信用等方面原因,出现出口外币汇率收汇时比成交时低的情况,出口企业将蒙受损失,造成实际收入减少的不良结果。上述问题称为交易风险。

(2)绿色贸易壁垒、社会责任保护条款如SA8000等一些贸易壁垒的制定,成为企业拓展国际市场的重要限制条款。发达国家通过种种限制条件提高我国产品的生产成本,社会责任认证(SA8000)的制订,将劳工权利与订单挂钩,对劳动力价格水平有一定的限制,同时也对企业成本优势提出了挑战。

另外,为了保护进口国环境,避免所进口的产品对当地人民造成危害,国际上广泛采用的绿色贸易壁垒也称环境贸易壁垒,其作用就是对进口国进口商品实行的准入限制。这意味着,企业出口产品、包装质量要求等相对以前将会大大受到相关条例的限制,一旦出现问题,就可能要承担严重的后果。由此可以看出,企业在出口过程中将面临产品的社会责任方面的风险,企业受到社会道德、责任的制约和监督。

企业内部营销风险主要还包括产品、定价、分销渠道和促销等四大风险。

产品风险是指产品在市场上处于不适销对路时的状态。产品风险又包括产品风险、产品功能质量风险、产品入市时机选择风险和产品市场定位风险、产品品牌商标风险等。

(1)产品设计风险是指企业所设计的产品过时或者过于超前,不适应市场顾客的需要。

(2)产品功能质量风险主要是指企业所销售的产品,功能质量不足或产品功能质量过剩,不能完全满足用户需求。

(3)产品入市时机选择风险是指产品进入市场时间的选择出现不当。

(4)产品市场定位风险是指产品的特色等与市场顾客要求不相符合。

(5)产品品牌商标风险是指名牌产品被侵权或维护不当,使名牌产品信誉受损害时的状态。其表现一是被外部企业或个人侵权,二是品牌未经及时注册而被别人抢注,三是名牌形成后疏于维护或维护不当而使信誉受损等。

定价风险是指企业为产品所制订的价格不当导致市场竞争加剧,或用户利益受损,或企业利润受损的状态。定价风险包括:

(1)低价风险。低价是指将产品的价格定得较低。从表面上看,低价有利于销售,但定低价并不是在任何时候、对任何产品都行得通。相反地,产品定低价,一方面会使消费者怀疑产品的质量,另一方面,使企业营销活动中价格降低的空间缩小,销售难度增加。其次是产品订低价依赖于消费需求量的广泛且较长时间内稳定不变。而实际上,消费者需求每时每刻都在变动之中,因此企业这种价格的依赖性是非常脆弱的。

(2)高价风险。高价是指企业将产品价格定得较高,单件产品盈利较大。高价产品的风险主要表现为:一是高价招至市场竞争程度白热化,从而导致高价目标失效;二是高价为产品营销制造了困难,因为低收入者会因商品价高而望而却步;三是定高价也容易使顾客利益受损,尤其是对前期消费者的积极性伤害较大。

(3)价格变动的风险。价格变动主要有三种形式,其一是由高价往低价变动,即降价;其二是商品价格由低价往高价变动,即提价;其三是因市场竞争产品价格发生变动,本企业的产品价格维持不变。在企业营销活动中,实施价格变动时,若处置不当,往往也会产生不利的局面,如降价行为会引发竞争对手的恶性价格战,提价会使消费者转买其竞争对手产品进而导致顾客流失等。

分销渠道风险是指企业所选择的分销渠道不能履行分销责任和不能满足分销目标及由此造成的一系列不良后果。分销渠道风险包括分销商风险、储运风险和货款回收风险等。

(1)分销商风险。大多数企业都选择分销商销售产品,企业在选择分销商时若出现失误,将难以达到预期的目的。分销商风险主要表现为:分销商的实力不适应企业产品销售条件、分销商的地理位置不好、各分销商之间不能协调甚至相互倾轧、分销商的其他违约行为等。

(2)储运风险。储运风险主要是指由于商品在储运、运输过程中导致的商品损失。主要表现为三种形式:一是商品数量上的损失,二是质量上的损失,三是供应时间上的损失。

(3)货物回收风险。主要是指企业不能按约从分销商处及时地收回货款而产生的货款被占用、损失等现象。货款回收风险是目前我国大多数企业所面临的十分棘手的问题。其主要表现有:分销商恶意拖欠和侵占货款、分销商因经营发生困难而无力支持等。

促销风险主要是指企业在开展促销活动过程中,由于促销行为不当或干扰促销活动的不利因素的出现,而导致企业促销活动受阻、受损甚至失败的状态。促销风险包括广告风险、人员推销风险、营业推广风险及公共关系风险等。

(1)广告风险。主要是指企业利用广告进行促销而没有达到预期结果。企业进行广告促销必须向广告发布公司支付一定的费用。企业所支付的这些费用具有特殊性,即费用所产生的效果不可衡量性。虽然大量的事例证明广告能促进销售,但这仅是事后的证明,能否促销及能在多大程度上促进销售,事前并不能估计。

(2)人员推销风险。是指由于主客观因素造成推销人员推销产品不成功的状态。人员推销风险包括推销人员知识、技巧、责任心等方面的不完备而呈现的各种状态。人员推销虽然是一种传统有效的促销方式,如使用不当,同样会给企业带来损失。尤其是在大多数企业对推销人员按销售业绩计酬的情况下,更容易出现问题。

(3)营销推广风险。营销推广是指企业为在短期内招揽顾客、刺激购买而采取的一种促销措施。企业营销推广的内容、方式及时间若选择不当,则难以达到预期的效果。

(4)公共关系风险。企业开展公共关系,目的是为企业或其产品树立一个良好的社会形象,为市场营销开辟一个宽松的社会环境。开展公共关系需要支付成本,如果该费用支出达不到预期的效果,甚至无效果或负效果,则形成公共关系风险。

6.2 我国汽车业国际化竞争的风险成因

显然,我国汽车业国际化竞争的风险存在着多方面性,其风险产生的原因既有企业自身的主观因素,又有市场环境的客观因素。

6.2.1 国际化竞争风险的主观因素

从国际化竞争风险及所表现出来的几种现象看，之所以会产生风险，从企业的角度看更多的是一种主观因素所导致[163]，主要有以下几个方面原因：

(1)企业经营理念受计划经济体制的影响，传统根深蒂固，尚未实现向国际化竞争战略的有效转变。计划经济时期商品短缺，企业处于市场的绝对主导地位。企业在计划经济时期所形成的"等、靠、要"的思想指导下，固守计划经济时代的框框，实行以产定销原则。而现代国际化竞争战略强调从消费者的需求出发，以销定产，要求企业能够根据市场需求情况组织生产。在现代市场经济条件下，企业的主导地位被消费者所取代，而企业尚未在转变过程中建立与之相匹配的经营理念和经营模式，给企业经营带来了较大的风险。

(2)决策者的决策或者缺乏客观依据，或者只能凭主观的想象。在这两种情况下所制定出来的计划、政策必然脱离市场需求的实际，最终导致企业产品受到挤压，而国际化竞争也因缺乏资金而搁浅。

(3)企业的决策信息获取不全面也是产生国际化战略风险的重要因素。

一是企业营销管理人员及营销人员对法律法规、市场规律等缺乏足够深入的了解，可能导致国际化竞争风险的发生。在市场经济体制下，市场成为社会配置资源的主要手段，必然具备一系列维护市场竞争环境的规则，如行业行为规范、国家法律法规等。企业应当在市场规则的约束下，规范运作、自主经营、自我发展、自我约束，如果企业违反市场规范，轻者会受到行业内竞争对手的联合抵制，重则可能受到法律的严惩。

二是信息渠道不通畅使得在企业竞争活动中，没有及时深入地了解竞争对手、中间商和终端消费者的基本信息、诚信度等资料，导致企业业务往来缺乏依据，最终产生风险。

(4)企业对国际化竞争风险的危害认识不足，且缺乏应对与处理国际化竞争风险的经验与知识，缺乏必要的风险管理力度。当前，在我国企业的组织结构中基本上不存在专门的风险处理部门，大部分企业的风险管理意识淡薄，对风险管理缺乏足够的认识。还有部分企业，在风险出露端倪时抱有侥幸心理或对风险危害的认识不足，错失了处理风险的最佳时机。如会稽山绍兴酒有限公司生产的"会稽山"牌黄酒是国内闻名遐迩的名牌产品，在国内外广受欢迎，但企业在长期的经营中却连商标都没有注册，结果被人在日本抢注，导致"会稽山"牌黄酒在日本的销售受制于人，最终企业花费 10 多万美元才将本属于自己的商标买回[198]。

在风险发生以后，不少企业由于应对风险的知识不足，不能够及时采取科学的风险处理手段,也会给企业带来实质性的风险损失,包括收入的减少和支出的增多。

企业国际化竞争风险的主观原因更多的是来自于企业的内部,这种风险基本能够通过企业自身的调整来加以控制,带有较为明显的主观性。

6.2.2 国际化竞争风险的客观因素

我国汽车的国际化竞争要受到各种外部因素的影响,如果处理不好,将对企业的国际化战略带来极大的风险。

1)不断发展变化的市场需求

随着我国社会主义市场经济体制的不断发展完善,生产活动的日益全球化,企业的经济活动受世界市场的影响日益扩大。由于市场需求的不断变化,参与全球化竞争的企业目前对应的市场需求,已从数量型转变成质量型,并向个性型过渡。市场需求的不断变化,既是现行经济发展所产生的必然结果,也会对社会经济的进一步发展起到推动作用,使之朝着更深方向前进。但是如果企业无法及时准确地掌握市场的需求变化,无法适时调整国际化策略,那势必会给企业带来较大的营销和产品风险。

2)不断变化的经济形势与政策

改革开放三十多年来,我国的经济形势发生了翻天覆地的变化,而这一切都得益于我国政府能够根据形式适时调整各项的经济政策,如 20 世纪 90 年代初我国奉行经济紧缩的政策,到 20 世纪 90 年代中后期又适时调整为扩张性经济政策,这在顺应了我国经济形势发展需要的同时,也给部分企业的国际化战略带来了一定的影响[199]。

同时,近年来,金融危机的影响并未结束,全球总需求低迷、金融部门仍然脆弱、公共债务问题、美欧宏观政策空间缩小等因素将导致全球经济增长仍不会乐观,且各国之间发展不平衡的特点仍然比较突出,但新兴市场经济增长速度较高。虽然新兴市场的兴起能给我国汽车的国际化竞争带来机会,但也要清醒地看到,新兴市场仍未能彻底与发达经济体脱钩,各国间货币政策的不协调加剧了新兴市场国家的资产泡沫。正是全球经济与政策的不确定性,使得我国汽车国际化竞争战略带有较大的风险性。

3)科技的不断进步

当今社会科技发展日新月异,极大丰富发展了企业的国际化战略活动,为战略发展提供了新的机遇和新的方式方法,同时也给企业带来了新的威胁和挑战,促使它们进行技术变革,淘汰旧有的落后技术。以网络营销为例,网络营销在我国起步较晚,普及程度较低,但随着互联网的普及,网络营销在我国必将会得到广泛发展,到那时,网络营销作为一种先进的营销方式势必会对传统的营销组织结构、营销策略和方式方法带来挑战,促使它们进行变革,以适应新的发展需要。

而对于汽车产品更是如此,近年来汽车电子产品的快速发展,已导致消费者对于汽车产品的认知发生变化。如果我国汽车在国际化竞争中,仍抱着汽车仅仅是一个交通工具的思想,不去赶超发达国家的先进技术,那么,其产品必然会被其他产品所替代,这很像计算机产品的升级换代类似。

4)其他因素

企业发展全球化竞争势必受到全球环境的影响,如军事因素、政治因素等。近年来,全球局部战争频发,不少国家政权产生了不稳定情况。对于我国国际化竞争的汽车,如果应对不足,都会对企业的国际化战略带来风险。

6.3 我国汽车业国际化竞争的风险控制对策

面对国际化竞争的各种风险因素,我国汽车必须采取多种风险控制对策,这对于在竞争中处于较弱竞争位置的国内汽车来说显得尤为重要。

6.3.1 加强国际化竞争环境的调查研究

企业要想做到对国际化竞争风险进行有效控制,就要对竞争环境进行认真调查,做好研究分析工作。企业开发新产品,须事先做好市场调研,掌握第一手的资料,了解消费者的需求、竞争者的相关情况、国家的政策以及国际的政治经济形势等,并对资料进行深入研究[200]。在对资料进行充分掌握后,有针对性地进行产品的设计、定位及销售策划。

如果在产品研发之前对市场的情况不够了解、盲目进行,就会给企业的营销活动带来巨大风险。如国内生产包装企业之一的中粮美特,近年来,为了降低其国际化竞争的风险,该企业在为其他企业进行产品包装时,采取了以下运行模式:首先对客户信息进行研究,了解产品的销售渠道是否正常,以往业务有无欠款发生,公司有无信誉问题,与之交易是否会对公司产生风险等;当经济活动确定发生之后,采取人货同行,现场验货的同时现场办手续,在最大程度上保证了公司的利益不受侵害。

6.3.2 建立风险防范与处理机构

当前国际市场环境风云变幻,因此,对于企业来说,建立一套完善的风险防范体系和风险处理机构，以此来应对企业在未来运营过程中发生的风险，就显得非常重要和必要了。

对于防范体系和处理机构的工作范围应涵盖如下几点：首先，制定一系列风险防范的相关规章制度，并由企业监督其执行；其次，对业务往来客户的资料信息进行仔细研究，对其能力以及信誉进行评定分析；再次，为了提高职工对风险的防范意识，增强其应对风险的处理能力，可在日常的工作当中，定期进行一些风险处理现场演练。最后，对于已经出现的风险，应联合风险处理机构共同进行处理。

6.3.3 正确面对发生的风险

当风险已经产生，那么针对风险采取什么样的补救措施，如何化解风险对企业、顾客和社会带来的危害，将显得尤为重要。首先，企业应积极而诚恳地面对权益受到侵害的顾客和社会；其次，采取快速而有效的措施，防止风险的进一步扩大，最大限度地保护顾客和社会的权益，力争把对它们的损害降到最低。相反，如果风险发生后，企业采取回避、辩解，甚至推脱责任，那么风险就会因不能有效控制而进一步扩散，给企业带来极大困难。如 1999 年可口可乐在欧洲发生饮料污染事件，对此公司采取了一系列补救措施：管理层高姿态亲赴污染事件发生现场，向受害者表示道歉；对污染事故产生的原因进行权威调查，并及时向社会公布，增加信息的透明度；影响控制信息的发布源，成功制止了危害的进一步扩散，降低了公司的损害程度[201]。与此相反的一个例子是，1996 年 6 月一名湖南老汉因为服用了三株口服液结果引发自身的其他疾病最终致死[202]，事后其家属索赔无望被迫上诉，败诉后的三株面对国内媒体的炮轰，仍进行回避辩解、推脱责任，忽视公众利益，忽视危机公关，最终在舆论的谴责声中曾经风光一时的三株帝国轰然坍塌。

汽车产品是一个长期使用的产品，在这个过程中难免会因为其他原因而产生产品出现问题的情况，当问题出现时，企业的服务质量、风险化解能力将会越发显得重要。

6.3.4 提高企业员工素质

企业作为一个整体，员工是其基本的组成部分。员工作为一个单独的个体，每一个都有其个性，如独特的文化素质、独特的道德素养，当这些不同的个体结合在一起，就会产生一个不同的整体。如果员工的素质过低，就会整体降低企业的竞争力，给企业发展带来潜在风险，因此加强员工的素质培训，对企业的战略风险控制具有举足轻重的作用。

员工的素质培训应该是多方面的，包括文化、业务、道德和政治等方面，对于营销人员来说,员工素质的高低直接关系到企业的营销成绩,那种传统的以销售额和利润为标准的考核方式已经不能满足现在的需求。而对于产品研发人员则应更多地培训其对目标市场产品的分析和把握,服务人员更多地要强调服务态度、服务意识的树立。显然,国际化竞争的我国汽车亟需把风险防范并入新的考核体系,这已经成为企业现代化发展的趋势。

6.4 本章小结

本章论述了我国汽车业实施国际化竞争的主要风险,包括宏观环境风险、行业环境风险、企业内部风险等,分析了我国汽车业国际化竞争风险的成因,提出了防范国际化竞争风险的对策建议。

本章的主要研究工作及成果包括:

(1)对各种汽车国际化竞争风险进行识别,并对其成因进行了分析,为有效采取风险防范措施提供依据。

(2)提出了防范汽车国际化竞争风险的对策建议,包括:加强国际化战略环境的调查研究,建立风险防范与处理机构,以正确、积极的态度面对发生的风险,提高企业员工素质等,这为我国汽车国际化竞争的风险防范提供了参考建议。

第 7 章　“一带一路”战略与交通行业契合背景分析

“一带一路”分别指的是丝绸之路经济带和 21 世纪海上丝绸之路。“一带一路”作为中国首倡、高层推动的国家战略，对我国现代化建设和屹立于世界的领导地位具有深远的战略意义。“一带一路”战略构想的提出，契合沿线国家的共同需求，为沿线国家优势互补、开放发展开启了新的机遇之窗，是国际合作的新平台。“一带一路”战略在平等的文化认同框架下谈合作，是国家的战略性决策，体现的是和平、交流、理解、包容、合作、共赢的精神。

7.1　“一带一路”战略分析

国家发展改革委员会、外交部、商务部联合发布《推动共建丝绸之路经济带和 21 世纪海上丝绸之路的愿景与行动》提出：发挥新疆独特的区位优势和向西开放重要窗口作用，深化与中亚、南亚、西亚等国家交流合作，形成丝绸之路经济带上重要的交通枢纽、商贸物流和文化科教中心，打造丝绸之路经济带核心区。

利用长三角、珠三角、海峡西岸、环渤海等经济区开放程度高、经济实力强、辐射带动作用大的优势，加快推进中国（上海）自由贸易试验区建设，支持福建建设 21 世纪海上丝绸之路核心区。充分发挥深圳前海、广州南沙、珠海横琴、福建平潭等开放合作区作用，深化与港澳台合作，打造粤港澳大湾区。下图是“一带一路”战略的最新规划。

7.1.1　“一带一路”提出的战略背景

当今世界正发生复杂深刻的变化，国际金融危机深层次影响继续显现，世界经济缓慢复苏、发展分化，国际投资贸易格局和多边投资贸易规则酝酿深刻调整，各国面临的发展问题依然严峻。共建“一带一路”顺应世界多极化、经济全球化、文化多样化、社会信息化的潮流，秉持开放的区域合作精神，致力于维护全球自由贸易体系和开放型世界经济。共建“一带一路”旨在促进经济要素有序自由流动、资源高效配置和市场深度融合，推动沿线各国实现经济政策协调，开展更大范围、更高水平、更深层次的区域合作，共同打造开放、包容、均衡、普惠的区域经济合作架构。共建“一带一路”符合国际社会的根本利益，彰显人类社会共同理想和美好追求，是国际合作以及全球治理新模式的积极探索，将为世界和平发展增添新的正能量，如图 7-1 所示。

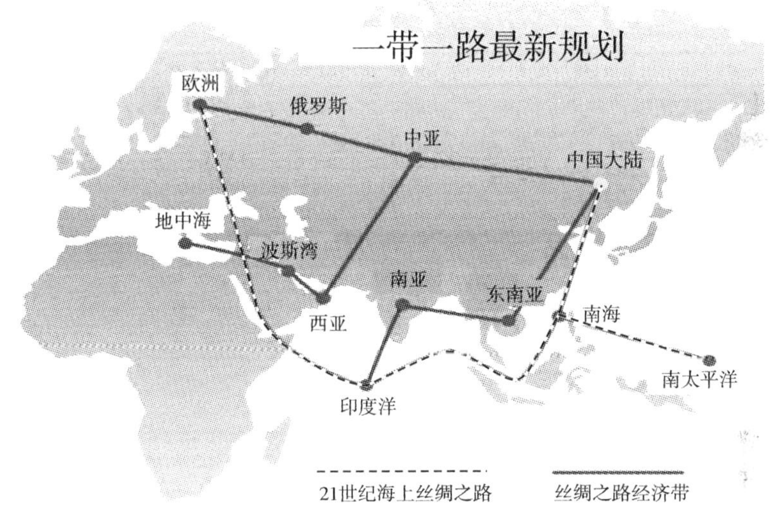

图 7-1 “一带一路”战略最新规划

“一带一路”的互联互通项目将推动沿线各国发展战略的对接与耦合，发掘区域内市场的潜力，促进投资和消费，创造需求和就业，增进沿线各国人民的人文交流与文明互鉴，让各国人民相逢相知、互信互敬，共享和谐、安宁、富裕的生活。共建“一带一路”致力于亚欧非大陆及附近海洋的互联互通，建立和加强沿线各国互联互通伙伴关系，构建全方位、多层次、复合型的互联互通网络，实现沿线各国多元、自主、平衡、可持续的发展。

当前，中国经济和世界经济高度关联。中国将一以贯之地坚持对外开放的基本国策，构建全方位开放新格局，深度融入世界经济体系。推进“一带一路”建设既是中国扩大和深化对外开放的需要，也是加强和亚欧非及世界各国互利合作的需要，中国愿意在力所能及的范围内承担更多责任义务，为人类和平发展做出更大的贡献。

7.1.2 "一带一路"战略的概念由来

2013 年 9 月 7 日，习近平在哈萨克斯坦纳扎尔巴耶夫大学发表演讲时表示：为了使各国经济联系更加紧密、相互合作更加深入、发展空间更加广阔，我们可以用创新的合作模式。共同建设"丝绸之路经济带"，以点带面，从线到片，逐步形成区域大合作。2013 年 10 月 3 日，习近平主席在印度尼西亚国会发表演讲时表示：中国愿同东盟国家加强海上合作，使用好中国政府设立的中国—东盟海上合作基金，发展好海洋合作伙伴关系，共同建设 21 世纪"海上丝绸之路"。

2014 年 5 月 21 日，习近平在亚信峰会上做主旨发言时指出：中国将同各国一道，加快推进"丝绸之路经济带"和"21 世纪海上丝绸之路"建设，尽早启动亚洲基础设施投资银行，更加深入参与区域合作进程，推动亚洲发展和安全相互促进、相得益彰。

2014 年 11 月 8 日在加强互联互通伙伴关系对话会上，习近平指出共同建设丝绸之路经济带和 21 世纪"海上丝绸之路"与互联互通相融相近、相辅相成。如果将"一带一路"比喻为亚洲腾飞的两只翅膀，那么互联互通就是两只翅膀的血脉经络。他在《联通引领发展伙伴聚焦合作》讲话中指出：

第一，以亚洲国家为重点方向，率先实现亚洲互联互通。"一带一路"源于亚洲、依托亚洲、造福亚洲。中国愿通过互联互通为亚洲邻国提供更多公共产品，欢迎大家搭乘中国发展的列车。第二，以经济走廊为依托，建立亚洲互联互通的基本框架。"一带一路"兼顾各国需求，统筹陆海两大方向，涵盖面宽，包容性强，辐射作用大。第三，以交通基础设施为突破，实现亚洲互联互通的早期收获，优先部署中国同邻国的铁路、公路项目。第四，以建设融资平台为抓手，打破亚洲互联互通的瓶颈。中国将出资 400 亿美元成立丝路基金。丝路基金是开放的，欢迎亚洲域内外的投资者积极参与。第五，以人文交流为纽带，夯实亚洲互联互通的社会根基。未来 5 年，中国将为周边国家提供 2 万个互联互通领域培训名额。

2014 年 11 月 11 日，在 2014 年亚太经合组织（APEC）领导人非正式会议上，国家主席习近平提出亚太自由贸易区（FTAAP）发展设想，会议就《亚太经合组织推动实现亚太自贸区北京路线图》

"一带一路"达成共识。在硬件互联互通方面，采用公私合作伙伴关系（PPP）和其他方式提高基础设施融资；发展更新包括交通、信息通信技术和能源在内的基础设施。在制度互联互通方面，应对贸易便利化、结构性和监管改革、交通物流便利化问题。2020 年实现各经济体经商成本节约 25%，通商效率和便利度提高 25% 的目标。

2014 年 12 月 16 日《中国—中东欧国家合作贝尔格莱德纲要》签订,《中国—中东欧国家中期合作规划》制定。

2016 年 8 月 17 日,习近平总书记就推进"一带一路"建设提出 8 项要求。一是要切实推进思想统一,坚持各国共商、共建、共享,遵循平等、追求互利,牢牢把握重点方向,聚焦重点地区、重点国家、重点项目,抓住发展这个最大公约数,不仅造福中国人民,更造福沿线各国人民。中国欢迎各方搭乘中国发展的快车、便车,欢迎世界各国和国际组织参与到合作中来。二是要切实推进规划落实,周密组织,精准发力,进一步研究出台推进"一带一路"建设的具体政策措施,创新运用方式,完善配套服务,重点支持基础设施互联互通、能源资源开发利用、经贸产业合作区建设、产业核心技术研发支撑等战略性优先项目。三是要切实推进统筹协调,坚持陆海统筹,坚持内外统筹,加强政企统筹,鼓励国内企业到沿线国家投资经营,也欢迎沿线国家企业到我国投资兴业,加强"一带一路"建设同京津冀协同发展、长江经济带发展等国家战略的对接,同西部开发、东北振兴、中部崛起、东部率先发展、沿边开发开放的结合,带动形成全方位开放、东中西部联动发展的局面。四是要切实推进关键项目落地,以基础设施互联互通、产能合作、经贸产业合作区为抓手,实施好一批示范性项目,多搞一点早期收获,让有关国家不断有实实在在的获得感。五是要切实推进金融创新,创新国际化的融资模式,深化金融领域合作,打造多层次金融平台,建立服务"一带一路"建设长期、稳定、可持续、风险可控的金融保障体系。六是要切实推进民心相通,弘扬丝路精神,推进文明交流互鉴,重视人文合作。七是要切实推进舆论宣传,积极宣传"一带一路"建设的实实在在成果,加强"一带一路"建设学术研究、理论支撑、话语体系建设。八是要切实推进安全保障,完善安全风险评估、监测预警、应急处置,建立健全工作机制,细化工作方案,确保有关部署和举措落实到每个部门、每个项目执行单位和企业。

7.1.3 "一带一路"战略概念

"一带一路"分别指的是丝绸之路经济带和 21 世纪海上丝绸之路。

陆上和海上丝绸之路起始于古代中国,连接亚洲、非洲和欧洲的古代陆上商业贸易路线,最初的作用是运输中国古代出产的丝绸、瓷器等商品,后来成为东方与西方之间在经济、政治、文化等诸多方面进行交流的主要道路。丝绸之路从运输方式上,主要分为陆上丝绸之路和海上丝绸之路。陆上丝绸之路,起自中国古代都城洛阳,经长安(今西安)、西走廊、中亚国家、阿富汗、伊朗、伊拉克、叙利亚等地到达地中海,以罗马为终点,全长 6440 公里。这条路被认为是联结亚欧大陆的古代东西方文明的交汇之路,而丝绸则是最具代表性的货物。

海上丝绸之路,是指古代中国与世界其他地区进行经济文化交流交往的海上通道。古代海上丝绸之路从中国东南沿海,经过中南半岛和南海诸国,穿过印度洋,进入红海,抵达东非和欧洲,它成为中国与外国贸易往来和文化交流的海上大通道,并推动了沿线各国的共同发展。中国输往世界各地的主要货物,从丝绸到瓷器与茶叶,形成一股持续吹向全球的东方文明之风。唐代,我国东南沿海有一条叫作"广州通海夷道"的海上航路,这便是我国海上丝绸之路的最早叫法。宋元时期,中国造船技术和航海技术的大幅提升以及指南针的航海运用,全面提升了商船远航能力,私人海上贸易也得到发展。这一时期,中国同世界60多个国家有着直接的"海上丝路"商贸往来,引发了西方世界一窥东方文明的大航海时代的热潮。明代郑和远航的成功,标志着海上丝路发展到了极盛时期。中国境内海上丝绸之路主要有广州、泉州、宁波三个主港和扬州、福州等其他支线港组成。

7.1.4 "一带一路"的框架思路和合作重点

(1)"一带一路"是促进共同发展、实现共同繁荣的合作共赢之路,是增进理解信任、加强全方位交流的和平友谊之路。中国政府倡议,秉持和平合作、开放包容、互学互鉴、互利共赢的理念,全方位推进务实合作,打造政治互信、经济融合、文化包容的利益共同体、命运共同体和责任共同体。

"一带一路"贯穿亚欧非大陆,一头是活跃的东亚经济圈,一头是发达的欧洲经济圈,中间广大腹地国家经济发展潜力巨大。丝绸之路经济带重点畅通中国经中亚、俄罗斯至欧洲(波罗的海),中国经中亚、西亚至波斯湾、地中海,中国至东南亚、南亚、印度洋。21世纪海上丝绸之路重点方向是从中国沿海港口过南海到印度洋,延伸至欧洲;从中国沿海港口过南海到南太平洋。根据"一带一路"走向,陆上依托国际大通道,以沿线中心城市为支撑,以重点经贸产业园区为合作平台,共同打造新亚欧大陆桥、中蒙俄、中国—中亚—西亚、中国—中南半岛等国际经济合作走廊;海上以重点港口为节点,共同建设通畅安全高效的运输大通道。中巴、孟中印缅两个经济走廊与推进"一带一路"建设关联紧密,要进一步推动合作,取得更大的进展。

"一带一路"建设是沿线各国开放合作的宏大经济愿景,需各国携手努力,朝着互利互惠、共同安全的目标相向而行。努力实现区域基础设施更加完善,安全高效的陆海空通道网络基本形成,互联互通达到新水平;投资贸易便利化水平进一步提升,高标准自由贸易区网络基本形成,经济联系更加紧密,政治互信更加深入;人文交流更加广泛深入,不同文明互鉴共荣,各国人民相知相交、和平友好。

(2)合作重点。

沿线各国资源禀赋各异，经济互补性较强，彼此合作潜力和空间很大。以政策沟通、设施联通、贸易畅通、资金融通、民心相通为主要内容，重点在以下方面加强合作。

①政策沟通。加强政策沟通是“一带一路”建设的重要保障。加强政府间合作，积极构建多层次政府间宏观政策沟通交流机制，深化利益融合，促进政治互信，达成合作新共识。沿线各国可以就经济发展战略和对策进行充分交流对接，共同制定推进区域合作的规划和措施，协商解决合作中的问题，共同为务实合作及大型项目实施提供政策支持。

②设施联通。基础设施互联互通是“一带一路”建设的优先领域。在尊重相关国家主权和安全关切的基础上，沿线国家宜加强基础设施建设规划、技术标准体系的对接，共同推进国际骨干通道建设，逐步形成连接亚洲各次区域以及亚欧非之间的基础设施网络。强化基础设施绿色低碳化建设和运营管理，在建设中充分考虑气候变化影响。抓住交通基础设施的关键通道、关键节点和重点工程，优先打通缺失路段，畅通瓶颈路段，配套完善道路安全防护设施和交通管理设施设备，提升道路通达水平。推进建立统一的全程运输协调机制，促进国际通关、换装、多式联运有机衔接，逐步形成兼容规范的运输规则，实现国际运输便利化。推动口岸基础设施建设，畅通陆水联运通道，推进港口合作建设，增加海上航线和班次，加强海上物流信息化合作。拓展建立民航全面合作的平台和机制，加快提升航空基础设施水平。加强能源基础设施互联互通合作，共同维护输油、输气管道等运输通道安全，推进跨境电力与输电通道建设，积极开展区域电网升级改造合作。共同推进跨境光缆等通信干线网络建设，提高国际通信互联互通水平，畅通信息丝绸之路。加快推进双边跨境光缆等建设，规划建设洲际海底光缆项目，完善空中(卫星)信息通道，扩大信息交流与合作。

③贸易畅通。投资贸易合作是“一带一路”建设的重点内容。宜着力研究解决投资贸易便利化问题，消除投资和贸易壁垒，构建区域内和各国良好的营商环境，积极同沿线国家和地区共同商建自由贸易区，激发释放合作潜力，做大做好合作“蛋糕”。沿线国家宜加强信息互换、监管互认、执法互助的海关合作，以及检验检疫、认证认可、标准计量、统计信息等方面的双多边合作，推动世界贸易组织《贸易便利化协定》的生效和实施。改善边境口岸通关设施条件，加快边境口岸“单一窗口”建设，降低通关成本，提升通关能力。加强供应链安全与便利化合作，推进跨境监管程序协调，推动检验检疫证书国际互联网核查，开展“经认证的经营者”(AEO)互认。降低非关税壁垒，共同提高技术性贸易措施透明度，提高贸易自由化便利化水平。拓宽贸易领域，优化贸易结构，挖掘贸易新增长点，促进贸易平衡。

创新贸易方式，发展跨境电子商务等新的商业业态。建立健全服务贸易促进体系，巩固和扩大传统贸易，大力发展现代服务贸易。把投资和贸易有机结合起来，以投资带动贸易发展。加快投资便利化进程，消除投资壁垒。加强双边投资保护协定、避免双重征税协定磋商，保护投资者的合法权益。拓展相互投资领域，开展农林牧渔业、农机及农产品生产加工等领域深度合作，积极推进海水养殖、远洋渔业、水产品加工、海水淡化、海洋生物制药、海洋工程技术、环保产业和海上旅游等领域合作。加大煤炭、油气、金属矿产等传统能源资源勘探开发合作，积极推动水电、核电、风电、太阳能等清洁、可再生能源合作，推进能源资源就地就近加工转化合作，形成能源资源合作上下游一体化产业链。加强能源资源深加工技术、装备与工程服务合作。推动新兴产业合作，按照优势互补、互利共赢的原则，促进沿线国家加强在新一代信息技术、生物、新能源、新材料等新兴产业领域的深入合作，推动建立创业投资合作机制。优化产业链分工布局，推动上下游产业链和关联产业协同发展，鼓励建立研发、生产和营销体系，提升区域产业配套能力和综合竞争力。扩大服务业相互开放，推动区域服务业加快发展。探索投资合作新模式，鼓励合作建设境外经贸合作区、跨境经济合作区等各类产业园区，促进产业集群发展。在投资贸易中突出生态文明理念，加强生态环境、生物多样性和应对气候变化合作，共建绿色丝绸之路。中国欢迎各国企业来华投资。鼓励本国企业参与沿线国家基础设施建设和产业投资。促进企业按属地化原则经营管理，积极帮助当地发展经济、增加就业、改善民生，主动承担社会责任，严格保护生物多样性和生态环境。

④资金融通。资金融通是“一带一路”建设的重要支撑。深化金融合作，推进亚洲货币稳定体系、投融资体系和信用体系建设。扩大沿线国家双边本币互换、结算的范围和规模。推动亚洲债券市场的开放和发展。共同推进亚洲基础设施投资银行、金砖国家开发银行筹建，有关各方就建立上海合作组织融资机构开展磋商。加快丝路基金组建运营。深化中国—东盟银行联合体、上合组织银行联合体务实合作，以银团贷款、银行授信等方式开展多边金融合作。支持沿线国家政府和信用等级较高的企业以及金融机构在中国境内发行人民币债券。符合条件的中国境内金融机构和企业可以在境外发行人民币债券和外币债券，鼓励在沿线国家使用所筹资金。加强金融监管合作，推动签署双边监管合作谅解备忘录，逐步在区域内建立高效监管协调机制。完善风险应对和危机处置制度安排，构建区域性金融风险预警系统，形成应对跨境风险和危机处置的交流合作机制。加强征信管理部门、征信机构和评级机构之间的跨境交流与合作。充分发挥丝路基金以及各国主权基金作用，引导商业性股权投资基金和社会资金共同参与“一带一路”重点项目建设。民心相通。民心相通是“一带一路”建设的社会根基。传承和弘扬丝绸之路友好

合作精神,广泛开展文化交流、学术往来、人才交流合作、媒体合作、青年和妇女交往、志愿者服务等,为深化双多边合作奠定坚实的民意基础。扩大相互间留学生规模,开展合作办学,中国每年向沿线国家提供1万个政府奖学金名额。沿线国家间互办文化年、艺术节、电影节、电视周和图书展等活动,合作开展广播影视剧精品创作及翻译,联合申请世界文化遗产,共同开展世界遗产的联合保护工作。深化沿线国家间人才交流合作。加强旅游合作,扩大旅游规模,互办旅游推广周、宣传月等活动,联合打造具有丝绸之路特色的国际精品旅游线路和旅游产品,提高沿线各国游客签证便利化水平。推动21世纪海上丝绸之路邮轮旅游合作。积极开展体育交流活动,支持沿线国家申办重大国际体育赛事。强化与周边国家在传染病疫情信息沟通、防治技术交流、专业人才培养等方面的合作,提高合作处理突发公共卫生事件的能力。为有关国家提供医疗援助和应急医疗救助,在妇幼健康、残疾人康复以及艾滋病、结核、疟疾等主要传染病领域开展务实合作,扩大在传统医药领域的合作。加强科技合作,共建联合实验室(研究中心)、国际技术转移中心、海上合作中心,促进科技人员交流,合作开展重大科技攻关,共同提升科技创新能力。整合现有资源,积极开拓和推进与沿线国家在青年就业、创业培训、职业技能开发、社会保障管理服务、公共行政管理等共同关心领域的务实合作。充分发挥政党、议会交往的桥梁作用,加强沿线国家之间立法机构、主要党派和政治组织的友好往来。开展城市交流合作,欢迎沿线国家重要城市之间互结友好城市,以人文交流为重点,突出务实合作,形成更多鲜活的合作范例。欢迎沿线国家智库之间开展联合研究、合作举办论坛等。

加强沿线国家民间组织的交流合作,重点面向基层民众,广泛开展教育医疗、减贫开发、生物多样性和生态环保等各类公益慈善活动,促进沿线贫困地区生产生活条件改善。加强文化传媒的国际交流合作,积极利用网络平台,运用新媒体工具,塑造和谐友好的文化生态和舆论环境。

(3)我国“十三五规划”中的“一带一路”。

①完善对外开放区域布局。加强内陆沿边地区口岸和基础设施建设,开辟跨境多式联运交通走廊。发展外向型产业集群,形成各有侧重的对外开放基地。加快海关特殊监管区域整合优化升级,提高边境经济合作区、跨境经济合作区发展水平。提升经济技术开发区的对外合作水平。以内陆中心城市和城市群为依托,建设内陆开放战略支撑带。支持沿海地区全面参与全球经济合作和竞争,发挥环渤海、长三角、珠三角地区的对外开放门户作用,率先对接国际高标准投资和贸易规则体系,培育具有全球竞争力的经济区。支持宁夏等内陆开放型经济试验区建设。支持中新(重庆)战略性互联互通示范项目。推进双边国际合作产业园建设。探

索建立舟山自由贸易港区。

②深入推进国际产能和装备制造合作。以钢铁、有色、建材、铁路、电力、化工、轻纺、汽车、通信、工程机械、航空航天、船舶和海洋工程等行业为重点，采用境外投资、工程承包、技术合作、装备出口等方式，开展国际产能和装备制造合作，推动装备、技术、标准、服务走出去。建立产能合作项目库，推动重大示范项目建设。引导企业集群式走出去，因地制宜建设境外产业集聚区。加快拓展多双边产能合作机制，积极与发达国家合作共同开拓第三方市场。建立企业、金融机构、地方政府、商协会等共同参与的统筹协调和对接机制。完善财税、金融、保险、投融资平台、风险评估等服务支撑体系。

③加快对外贸易优化升级。实施优进优出战略，推动外贸向优质优价、优进优出转变，加快建设贸易强国。促进货物贸易和服务贸易融合发展，大力发展生产性服务贸易，服务贸易占对外贸易比重达到 16% 以上。巩固提升传统出口优势，促进加工贸易创新发展。优化对外贸易布局，推动出口市场多元化，提高新兴市场比重，巩固传统市场份额。鼓励发展新型贸易方式。发展出口信用保险。积极扩大进口，优化进口结构，更多进口先进技术装备和优质消费品。积极应对国外技术性贸易措施，强化贸易摩擦预警，化解贸易摩擦和争端。

④提升利用外资和对外投资水平。扩大开放领域，放宽准入限制，积极有效引进境外资金和先进技术，提升利用外资综合质量。放开育幼、建筑设计、会计审计等服务领域外资准入限制，扩大银行、保险、证券、养老等市场准入。鼓励外资更多投向先进制造、高新技术、节能环保、现代服务业等领域和中西部及东北地区，支持设立研发中心。鼓励金融机构和企业在境外融资。支持企业扩大对外投资，深度融入全球产业链、价值链、物流链。建设一批大宗商品境外生产基地及合作园区。积极搭建对外投资金融和信息服务平台。

(4)推进“一带一路”建设的总体思路。

①健全“一带一路”合作机制。围绕政策沟通、设施联通、贸易畅通、资金融通、民心相通，健全“一带一路”双边和多边合作机制。推动与沿线国家发展规划、技术标准体系对接，推进沿线国家间的运输便利化安排，开展沿线大通关合作。建立以企业为主体、以项目为基础、各类基金引导、企业和机构参与的多元化融资模式。加强同国际组织和金融组织机构合作，积极推进亚洲基础设施投资银行、金砖国家新开发银行建设，发挥丝路基金作用，吸引国际资金共建开放多元共赢的金融合作平台。充分发挥广大海外侨胞和归侨侨眷的桥梁纽带作用。

②畅通“一带一路”经济走廊。推动中蒙俄、中国—中亚—西亚、中国—中南半岛、新亚欧大陆桥、中巴、孟中印缅等国际经济合作走廊建设，推进与周边国家基

础设施互联互通，共同构建连接亚洲各区域以及亚欧非之间的基础设施网络。加强能源资源和产业链合作，提高就地加工转化率。支持中欧等国际集装箱运输和邮政班列发展。建设上合组织国际物流园和中哈物流合作基地。积极推进"21世纪海上丝绸之路"战略支点建设，参与沿线重要港口建设与经营，推动共建临港产业集聚区，畅通海上贸易通道。推进公铁水及航空多式联运，构建国际物流大通道，加强重要通道、口岸基础设施建设。建设新疆丝绸之路经济带核心区、福建"21世纪海上丝绸之路"核心区。打造具有国际航运影响力的海上丝绸之路指数。

③共创开放包容的人文交流新局面。办好"一带一路"国际高峰论坛，发挥丝绸之路(敦煌)国际文化博览会等作用。广泛开展教育、科技、文化、体育、旅游、环保、卫生及中医药等领域合作。构建官民并举、多方参与的人文交流机制，互办文化年、艺术节、电影节、博览会等活动，鼓励丰富多样的民间文化交流，发挥妈祖文化等民间文化的积极作用。联合开发特色旅游产品，提高旅游便利化。加强卫生防疫领域交流合作，提高合作处理突发公共卫生事件能力。推动建立智库联盟。

7.1.5 "一带一路"战略的实施必要性

内部需要：中国要避免中等收入陷阱，必须开拓海外空间。

从内部需求说，丝绸之路是中国可持续发展战略的有机部分。开放是中国过去30多年经济发展的重要动力，在早期主要是对西方发达国家的开放，无论是引进技术也好，出口中国商品也好，对促进中国的经济都起到了巨大作用。现在中国国内经济增长缺乏动力，需要新形式的开放。

中国现在人均GDP是7500美金，属于中等收入经济体。中国下一步要把自己提升为高收入经济体。但是根据世界银行统计的二战以后100多个国家的情况来看，只有十几个国家逃避了中等收入陷阱，成为高收入经济体。那么这十几个国家里面，大部分是资源性国家，除此之外，能逃避中等收入陷阱的就是东亚社会，比如日本、"亚洲四小龙"。除了这五个经济体，其他就没有了。虽然我们有信心逃避中等收入陷阱，但是我觉得很难。日本能够逃避中等收入陷阱有其特殊的背景，二战后日本被美国占领，西方基本上把整个市场开放给了日本，日本没有花很大力气就进入了西方市场，成为西方一部分。"亚洲四小龙"也有特殊背景。第一，"亚洲四小龙"经济体比较小；第二，"亚洲四小龙"很多方面是属于西方治理的。中国现在的情况不一样，国际环境不好，西方对中国搞贸易保护主义。还有中国是13亿人口的第二大经济体，要从中等收入提升到高收入水平，这是世界史上从来没有发生过的事情。

外部原因主要有两点。

第一,2008 年世界金融危机导致世界经济失衡。现在东西方、南北方互相指责,世界经济到底怎么失衡的,美国指责中国,中国指责美国。但实际上世界经济不存在理想的状态,世界经济失衡是每一个主权经济体本身失衡的结果,因为美国的经济是失衡的,欧洲的经济是失衡的,中国的经济也是失衡的。那么世界经济如果要重新走向平衡,就需要每一个国家的经济走向平衡,美国没有承担责任,美国的工业化和制造业比欧洲好些,但主导美国的还是金融资本,还是华尔街资本主义。美国实行量化宽松政策,反而使世界经济越来越失衡。欧洲主要是社会投资跟经济投资的失衡,因为它的成员国无法走出独立国家的范畴。希腊、法国的大众民主、一人一票跟它的经济结构完全不相配套。民主本身是个好 东西,但是一人一票目的就是一人拿一份,大家都是独立国家,一人拿一份。但一人拿一份的福利制度要生存下去,前提是一人要贡献一份。但是大众民主的一人一票能保证一人能拿一份,却不能保证一人贡献一份。所以欧洲也没有能力改变世界经济的失衡。从这个角度说,中国有能力改变世界经济。更重要的是,中国为什么必须做?从毛泽东时代就开始,中国在 20 世纪五六十年代那么苦,仍然援助非洲,作为一个最大的发展中国家,这不仅是经济学而且还是国际战略意义上的表述。比如毛泽东的“三个世界”。所以无论是国际经济战略还是中国本身的可持续发展的需要,中国必须要实施“一带一路”。

第二、中国有能力实施“一带一路”战略。中国是唯一有能力让世界经济再平衡的国家,美国没有这个能力。尽管美国重返亚太地区,但是在中东陷入麻烦,中东的政治秩序基本上是美国建立起来的,但是美国现在破坏自己建立起来的秩序。美国有三大负担,一个负担就是做“世界警察”,做“世界警察”要付钱;第二个负担是美国要搞联盟,比如跟日本、菲律宾等;第三个负担就是输出民主,比如中东的埃及和伊拉克,他们的政治建设都跟美国有关系。

马克思认为,资本主义国家要吃资本的饭,跨国公司实际上不属于任何一个主权国家。所以美国和欧洲都没有能力再平衡世界经济,中国为什么有能力。有以下三个原因:

①中国有过剩的资本。肯定要走出去。为什么有“丝绸之路”?这是资本走出去的需要,政府只是顺势推出。西方的开放,中国 20 世纪 80 年代的开放都是资本推动的。

②中国的产能过剩。这也要有出路。中国大规模进行基础设施建设的时代基本过去了,东部、中部基本上饱和,也就西部还有一些空间,钢铁、水泥等的产能过剩,去哪里?必须找到出路,这跟西方以前一样,需要开拓新的市场、新的投资空间。资本需要投资空间,过剩产能需要新的市场。

③中国积累了基础设施建设的技术经验。"丝绸之路"除了传统的贸易投资以外,现在还有基础设施建设的合作。中国是当今世界最具能力进行基础设施建设的国家,"一带一路"上,除了像新加坡这样少数的国家富裕,其他都是经济发展水平较低的国家,需要大规模的基础设施建设。中国过剩的产能、中国的资本、中国的基础设施建设的技术,都是这些国家所需要的。东南亚、中亚都需要大规模的基础设施建设,所以中国建立亚投行,进行互利互通的基础设施建设,对方有几千亿美元的缺口需求。欧洲没钱,中国有钱,中国过剩。因为中国的老百姓和银行手里有很多现金,这么庞大的现金要转化成资本走出去,这是必需的。

区域合作秉持开放的区域合作精神,致力于维护全球自由贸易体系和开放型世界经济,符合国际社会的根本利益,彰显人类社会共同理想和美好追求,是国际合作以及全球治理新模式的积极探索,将为世界和平发展增添新的正能量。发展战略对接互联互通项目将推动沿线各国发展战略的对接与耦合,发掘区域内市场的潜力,促进投资和消费,创造需求和就业,增进沿线各国人民的人文交流与文明互鉴。中国深度融入世界当前,中国经济和世界经济高度关联。中国将一以贯之地坚持对外开放的基本国策,构建全方位开放新格局,深度融入世界经济体系。

7.1.6 "一带一路"战略中的交通对接

中国和俄罗斯。以中东铁路为主,通过海参崴—绥芬河—哈尔滨—满洲里—赤塔进入老欧亚大陆桥及大连—哈尔滨—满洲里—赤塔进入老欧亚铁路。

中国参与埃及新苏伊士运河建设,苏伊士运河走廊经济带逐步形成。埃及政府2014年8月宣布这一新苏伊士运河开凿计划。按照计划,新运河工程共计挖掘72公里,以使苏伊士运河实现双航道通行。运河每年给埃及带来的收益也将从现在的50多亿美元增至130多亿美元。2016年1月21日,《中华人民共和国商务部和阿拉伯埃及共和国苏伊士运河经济区总局关于埃及苏伊士经贸合作区的协议》在开罗签署。双方将共同为苏伊士合作区的建设、招商和运营提供支持和便利。

中泰"高铁换大米"计划。2014年8月,泰国军政府通过了两条连接中国和泰国的铁路项目。这两条铁路分别为从中部大城府到北部清莱府,以及从中部罗勇府到东北部廊开府的线路,再通过老挝最终与中国境内的铁路相连。此次泰国军政府通过的两条铁路项目,其中一条线路的起点是东北部城市廊开,与老挝首都万象隔河相望,建成后可以连通老挝与中国的铁路,与一直筹划多年的泛亚铁路中线不谋而合。

中国与巴基斯坦积极推进瓜达尔港建设。2014年11月8日,国务院总理李克强在会见巴基斯坦总理谢里夫时指出,中巴经济走廊是中国同周边国家互联互通的旗舰项目。瓜达尔港作为重大基础设施项目，成为两国签署的20多项合作协议中的重中之重。预计巴基斯坦第三大港口在2015年4月运营，从西亚进口的原油通过石油运输线缩短85%的路程。据巴基斯坦《论坛快报》10日报道，巴政府11日将举行隆重的仪式，将2281亩瓜达尔港自贸区土地的使用权移交给中国海外港口控股有限公司，租期为43年。中方企业将管理瓜达尔国际机场、瓜达尔自由区和瓜达尔海运服务3家公司，同时全权打理瓜达尔港业务。

中国投资匈牙利至塞维利亚铁路。在第三次中国—中东欧国家领导人会晤上，中、匈、塞三国已达成协议，合作建设匈塞铁路，力争在两年内建成一个符合欧盟标准、适合各方需求的现代化快速铁路。

青藏铁路在2020年以前延伸至中尼边界基隆。2014年底，中国外交部长王毅出访尼泊尔时，两国就青藏铁路由日喀则延伸至尼泊尔边境达成协议。2015年3月尼泊尔外交部公告称，西藏自治区主席洛桑江村曾对到访的尼总统拉姆·巴兰·亚达夫表示，青藏铁路将从日喀则延伸540公里，在2020年延伸至两国边境的基隆。当前，青藏铁路西至日喀则，日喀则距中尼边境的直线距离为253公里，但两国尚无铁路互通，仅有两条公路通道。

中国投资南美洲"两洋铁路"建设。2015年5月20日国家总理李克强访问巴西，与巴西总统罗塞夫达成共识，启动开展"两洋铁路"的可行性研究。"两洋铁路"将连接巴西和秘鲁，横跨南美洲大陆。

中国拟与泰国开展克拉地峡的修建研究工作。2015年5月18日，泰国克拉运河研究和投资合作洽谈会在广州举行，会上签署了泰国克拉运河项目合作备忘录。拟议中的克拉运河，全长102公里，400米宽，水深25米，双向航道运河，横贯泰国南部的克拉地峡。克拉地峡是泰国南部的一段狭长地带，北连中南半岛，南接马来半岛，地峡以南约400公里(北纬7度至10度之间)地段均为泰国领土，最窄处50多公里，最宽处约190公里。与取道马六甲海峡相比，航程至少缩短约1200公里，可节省航运2~5天时间。该计划需耗时10年、投资总额280亿美元。

成昆曼国际大通道推动中国西部与东盟深度合作。全长2600余公里的公路，被称为成昆曼国际大通道，是中国与东盟国家间又一条陆路主动脉。

印尼雅加达—万隆高铁项目中国企业中标。2015年10月16日，中国铁路总公司牵头组成的中国企业联合体，与印度尼西亚维卡公司牵头的印尼国企联合体正式签署了组建中印尼合资公司协议，该合资公司将负责印度尼西亚雅加达至万隆高速铁路项目的建设和运营。雅万高铁最高设计时速300公里，全长150公里。

中英政府同意成立高铁项目组。驻英国大使刘晓明接受中国香港凤凰卫视采访说到，在习主席访英期间发表的联合宣言中也提到，两国政府鼓励双方企业深度参与高铁项目。

中国与老挝签订铁路合作建设项目。2015年11月13日，中老铁路项目签约仪式在北京举行。项目由两国边境磨憨/磨丁口岸进入老挝境内后，向南依次经过孟赛、琅勃拉邦、万荣至老挝首都万象，全长418公里，其中60%以上为桥梁和隧道。项目总投资近400亿元，由中老双方按照70%:30%的股比合资建设。建设标准为国铁Ⅰ级、单线设计、电力牵引、客货混运，时速160公里/时。中老铁路预计2020年通车使用。

中国与埃及签订铁路合作项目。2016年1月21日，中国中铁公司与中国航空技术国际控股有限公司组成的联合体，与埃及国家隧道管理局签署了《埃及斋月十日城铁路项目EPC合同》，项目合同金额为15亿美元(约折合人民币98.82亿元)。

中马《港口联盟协议》。中国和马来西亚在2015年10月23日签署了《港口联盟协议》，马来西亚的6个港口和中国的10个港口共同建立港口联盟，双方加强信息的共享、人力资源的培训、港口基础设施建设、技术分享、航线开通、日程的协调和港口港务的合作。

上述分析提出了交通行业国际化与"一带一路"契合的背景，提出了在"一带一路"战略中我国汽车业实施国际化的必要性。

7.2 交通业国际化和"一带一路"战略带来的机遇

"一带一路"是一个宏伟的战略构想，它的建设过程不仅涉及众多国家和地区，涉及众多产业和巨量的要素调动，这期间产生的各种机遇不可估量。主要有以下几方面。

7.2.1 产业创新带来的机遇

产业创新涉及产业转型升级和产业转移等带来的红利。随着"一带一路"战略的实施，中国的一些优质过剩产业将会转移到其他一些国家和地区。在国内，因为市场供求变化，一些过剩的产业，也许在其他国家能恰好被合理估值；在国内，因为要素成本的上升而使一些产业、产品失去了价格竞争力，也许在其他国家，较低的要素成本会使这些产业重现生机。在国内，因为产品出口，一些发达国家受限而影响整个产业的发展，也许在其他国家就能绕开这些壁垒。此外，由于产业转移引致的产业转型升级更是机遇无限，比如技术改造、研发投入、品牌树造等等都会给投资者带来无限机遇。

7.2.2 金融创新带来的机遇

"一带一路"战略的实施首先需要有充足的资金流,巨额的资金需求只能通过金融创新来解决。我们已经发起设立"亚投行"和"丝路基金",但这也只能解决部分资金问题,沿"带"沿"路"国家和地区一定会进行各种金融创新,包括发行各种类型的证券、设立各种类型的基金和创新金融机制等,这期间的红利和机遇之多甚至是不可想象的。

"一带一路"战略的实施从亚洲国家和地区的基础设施建设和融资出发,也是最大限度地寻求最大公约数。亚洲国家和地区无论奉行哪种社会经济制度,遵从哪种宗教制度,都需要铁路公路和机场建设,而根据一项估算,每年亚洲国家和地区基建投资的资金缺口达到7000亿美元,这无论是世界银行、国际货币基金组织还是亚洲开发银行,都难以弥补此资金缺口。亚投行的诞生以及其所依托的"一带一路"战略的实施正好切合了亚洲各国的投融资需要。"一带一路"战略将大力推进中国与东盟自由贸易区、中国与韩国自由贸易区、中国与澳大利亚自由贸易区等国际贸易协定的实施步伐。按估算,单就"一带一路"相关国家和地区的贸易总额计算,每年可以创造的贸易额将达到1.5万亿美元,庞大的贸易额将带来巨大的相互投资额,这不仅是亚洲地区经济增长的新动力,更是世界经济走出国际金融危机阴影的重要引擎。

7.2.3 区域创新带来的机遇

"一带一路"本质上是一个国际性区域经济的范畴,随着"一带一路"战略的实施,必将引发不同国家和地区的区域创新,这包括区域发展模式、区域产业战略选择、区域经济的技术路径、区域间的合作方式等等,这期间的每个创新都蕴涵着无限的机遇。

7.3 "一带一路"战略的挑战和实施意义

"一带一路"战略的实施不仅有机遇也充满了挑战,需要我们有一定的风险意识。

7.3.1 "一带一路"战略的挑战

(1)自1999年以来,中国政府就一直鼓励企业"走出去"。最初的投资大多集中于一些全球贫穷国家的资源开采项目上。近年来,随着国内经济实力的不断增强,中国对外投资首次超过了外资流入,对外投资也被引导到发展中经济体和发达经济体中的更为引人瞩目的项目上。五六年前,中国"走出去"模式基本上围绕着大宗商品,现在开始在一些实行竞标机制的国家承建基础设施项目。我们知道沿"带"沿"路"的一些发展中国家还是比较愿意接受我们的投资,但由于其中一些国家政局并不是十分稳定,不同党派之间的理念差别很大,一旦一个党派下台,就会改变过去的对外政策,这必将给我国在这些国家的投资带来巨大风险。因此,我们在具体实施"一带一路"战略时必须对这些国家的政治格局、法律环境等进行仔细研究,在投资之前做好风险应对的预案,将投资的风险降到最低。

(2)"一带一路"战略实施中的任何创新其实都会有潜在的风险,尤其以金融为主的虚拟经济创新蕴含的乘数式风险,需要我们时时刻刻保持高度警觉。

(3)实施"一带一路"战略必须得与国内经济状况相适应。中国的产能过剩是相对的,实际上,国内在基础设施建设方面仍有很大空间,大有可为。如果我们不顾及国内的这些实际需求而一味向国外投资和转移产业,有可能会产生对国内投资的挤出效应和产业的"空洞化",对此要提高警惕。

7.3.2 "一带一路"战略的实施意义

"一带一路"战略构想意味着我国对外开放实现战略转变。这一构想已经引起了国内和相关国家、地区乃至全世界的高度关注和强烈共鸣。之所以产生了如此巨大的效果,就在于这一宏伟构想有着极其深远的重要意义。

(1)多边合作的契机。一带一路战略将是上海合作组织、欧亚经济联盟、中国—东盟(10+1)、中日韩自贸区等国际合作的整合升级,也是我国发挥地缘政治优势,推进多边跨境贸易、交流合作的重要平台。2014年4月10日下午博鳌亚洲论坛"丝绸之路的复兴:对话亚洲领导人"分论坛开启了"一路一带"战略。构想提出丝绸之路沿线国家合力打造平等互利、合作共赢的"利益共同体"和"命运共同体"的新理念;描绘出一幅从波罗的海到太平洋、从中亚到印度洋和波斯湾的交通运输经济大走廊,其东西贯穿欧亚大陆,南北与中巴经济走廊、中印孟缅经济走廊相连接的新蓝图。

我国对外开放战略2.0版本。改革开放30多年来,我国对外开放取得了举世瞩目的伟大成就,但受地理区位、资源禀赋、发展基础等因素影响,对外开放总体呈现东快西慢、海强陆弱格局。"一带一路"将构筑新一轮对外开放的"一体两翼",在提升向东开放水平的同时加快向西开放步伐,助推内陆沿边地区由对外开放的边缘迈向前沿。在遵循和平合作、开放包容、互学互鉴、互利共赢的丝路精神,中国与沿线各国在交通基础设施、贸易与投资、能源合作、区域一体化、人民币国际化等领域深度合作。

(2)"一带一路"的战略构想顺应了我国对外开放区域结构转型的需要。众所周知,1978年召开的党的十一届三中全会开启了中国改革开放的历史征程。从1979年开始,我们先后建立了包括深圳等5个经济特区,开放和开发了14个沿海港口城市和上海浦东新区,相继开放了13个沿边、6个沿江和18个内陆省会城市,建立了众多的特殊政策园区。但显然,前期的对外开放重点在东南沿海,广东、福建、江苏、浙江、上海等地,这些地区成为"领头羊"和最先的受益者,而广大的中西部地区始终扮演着"追随者"的角色,这在一定程度上造成了东、中、西部的区域失衡。"一带一路"尤其是"一带"起始于西部,也主要经过西部通向西亚和欧洲,这必将使得我国对外开放的地理格局发生重大调整,由中西部地区作为新的牵动者承担着开发与振兴占国土面积三分之二的广大区域的重任,与东部地区一起承担着中国走出去的重任。同时,东部地区正在通过连片式的"自由贸易区"建设进一步提升对外开放的水平,依然是我国全面对外开放的重要引擎,是我国成为世界强国的重要路径:一带一路战略是我国构筑国土安全发展屏障,摆脱以美国为首国家的不平等国际贸易谈判,寻求更大范围资源和市场合作的重大战略,被称作世纪大战略。这是中国在近200年来首次提出以中国为主导的洲际开发合作框架,将彻底摆脱原来依附大国,被动挨打的地缘政治局面。

(3)"一带一路"有望构筑全球经济贸易新的大循环,成为继大西洋、太平洋之后的第三大经济发展空间。"一带一路"地区覆盖总人口约46亿(超过世界人口60%),GDP总量达20万亿美元(约占全球1/3)。同时,该区域国家经济增长对跨境贸易的依赖程度较高,2000年各国平均外贸依存度为32.6%;2010年提高到33.9%;2012年达到34.5%,远高于同期24.3%的全球平均水平。根据世界银行数据计算,1990—2013年期间,全球贸易、跨境直接投资年均增长速度为7.8%和9.7%,而"一带一路"相关65个国家同期的年均增长速度分别达到13.1%和16.5%;尤其是国际金融危机后的2010—2013年期间,"一带一路"对外贸易、外资净流入年均增长速度分别达到13.9%和6.2%,比全球平均水平高出4.6个百分点和3.4个百分点。2015年,我国同"一带一路"沿线国家进出口贸易总额近1万亿美元,我国同沿线65个国家中投资49个国家,共计150亿美元,同比增长18%。

(4)"一带一路"战略构想顺应了中国要素流动转型和国际产业转移的需要。在改革开放初期,中国经济发展水平低下,我们亟需资本、技术和管理模式。因此,当初的对外开放主要是以引进外资、国外先进的技术和管理模式为主。有数据显示,1979至2012年,中国共引进外商投资项目763278个,实际利用外资总额达到12761.08亿美元。不可否认,这些外资企业和外国资本对于推动中国的经济发展、技术进步和管理的现代化起到了很大作用。可以说,这是一次由发达国家主导的国际性产业大转移。而今,尽管国内仍然需要大规模有效投资和技术改造升级,但我们已经具备了要素输出的能力。据统计,2014 年末,中国对外投资已经突破了千亿美元,已经成为资本净输出国。“一带一路”建设恰好顺应了中国要素流动新趋势。“一带一路”战略通过政策沟通、道路联通、贸易畅通、货币流通、民心相通这“五通”,将中国的生产要素,尤其是优质的过剩产能输送出去,让沿“带”沿“路”的发展中国家和地区共享中国发展的成果。

(5)“一带一路”战略构想顺应了中国与其他经济合作国家结构转变的需要。在中国对外开放的早期,以欧、美、日等为代表的发达经济体有着资本、技术和管理等方面的优势,而长期处于封闭状态的中国就恰好成为他们最大的投资乐园。所以,中国早期的对外开放可以说主要针对的是发达国家和地区。而今,中国的经济面临着全面转型升级的重任。长期建设形成的一些产能需要出路,而目前世界上仍然有许多处于发展中的国家却面临着当初中国同样的难题。因此,通过“一带一路”建设,帮助这些国家和地区进行比如道路、桥梁、港口等基础设施建设,帮助他们发展一些产业比如纺织服装、家电、甚至汽车制造、钢铁、电力等,提高他们经济发展的水平和生产能力,就顺应了中国产业技术升级的需要。

(6)“一带一路”战略构想顺应了国际经贸合作与经贸机制转型的需要。2001 年,中国加入了 WTO,成为世界贸易组织的成员。中国“入世”对我国经济的方方面面都产生了巨大影响。可以说,WTO 这一被大多数成员国一致遵守国家经贸机制,在一定程度上冲破了少数国家对中国经济的封锁。但是,近年来国际经贸机制又在发生深刻变化并有新的动向。“一带一路”战略与中国自由贸易区战略是紧密联系的。有资料显示,目前我国在建的自贸区,涉及 32 个国家和地区。在建的自由贸易区中,大部分是处于“一带一路”沿线上。因此,中国的自由贸易区战略必将随着“一带一路”战略的实施而得到落实和发展。

7.4 本章小结

本章论述了我国“一带一路”战略实施的背景介绍、实施必要性和“一带一路”战略实施带来的机遇、挑战和实施意义,为下一章提出山东融入“一带一路”战略中的对策提前铺垫。

本章的主要研究工作及成果包括:

(1)对我国实施“一带一路”战略的背景、实施必要性和实施意义进行了阐述和详细介绍。

(2)提出了在“一带一路”战略背景中,交通行业国际化带来的机遇,为区域融入“一带一路”战略打下理论基础。

第8章　山东融入“一带一路”战略的对策研究

国际上对“一带一路”的关注和研究十分广泛,“一带一路”沿线城市市长联谊会(论坛)一直没有中断,“一带一路”沿线国家的城市十分重视这个论坛,2009年5月,在韩国平泽的第四届论坛上,许多学者还提出如“丝路标识”、“空中一带一路”等一系列新观点。国内研究方面,山东社会科学院国际经济研究所所长、研究员李杰在《山东融入“一带一路”建设的基本思路与对策》中提出具体详尽的对策具有非常现实的参考意义。共建“一带一路”是我国适应国际经济格局新变化、顺应经济全球化和区域经济一体化纵深发展新趋势的重要经济和外交战略,是我国构建全方位对外开放新格局、培育发展新优势的重大战略部署。山东作为我国重要的经济大省、对外经贸大省、海洋经济大省,应抓住共建“一带一路”重大机遇,积极融入“一带一路”建设,着力扩大与沿线国家之间的双向贸易、双向投资、次区域合作以及人文交流合作,以提升经济国际化水平、加快经济转型升级、推进经济文化强省建设。

8.1　山东融入“一带一路”战略的现状分析

8.1.1　山东区位基本情况

(1)山东半岛作为我国最大的半岛,濒临渤海与黄海,东与朝鲜半岛、日本列岛隔海相望。山东半岛与多个经济圈、都市圈联系密切,本身位于东北亚经济圈的圈层中心,是中国北部延伸至太平洋进而通向各大洲的重要门户。南接长三角地区,北临京津冀都市圈,区位条件非常优越。

根据最新统计,山东省海岸线长约3345公里,约占全国的1/6,沿岸分布200多个海湾,以半封闭型居多,其中大于1平方公里以上的海湾约49处,可建万吨级以上泊位的港址50多处,优质沙滩资源居全国前列。面积大于500平方米以上的海岛约320个,其岛陆面积约111平方公里,岛岸线长约561公里,多数处于未开发状态。山东省海洋空间资源类型齐全,海域总面积约15.95万平方公里,与陆地面积基本相当,辽阔的蓝色国土必将为山东经济提供更加广阔的发展空间。

山东半岛属于典型的暖温带季风气候，台风登陆概率低。近岸海域以清洁、较清洁海区为主，水动力条件较好，自净能力较强。全省海洋自然保护区、海洋特别保护区和水产种质资源保护区数量均居全国前列。近岸海域生态环境质量总体良好，能够为海洋经济发展和滨海城镇建设提供必要的支撑。近年来，山东海洋经济发展迅速，成为促进全省经济发展的新动力，在全国海洋经济中的地位日益突出。

国家海洋信息中心选择滩涂、浅海、港址、盐田、旅游、砂矿等六种资源对沿海各省市进行丰度指数评价，山东位居第一。其中山东半岛是我国长江口以北具有深水大港预选港址最多的岸段。青岛港码头岸线全长3420米，拥有码头15座，泊位72个，港内水域宽深，四季通航，港湾口小腹大，是我国著名的优良港口；日照可供建港的海域达20多海里，湾阔水深，不冻不淤，地质条件良好，特别适宜开发建设深水泊位；烟台、威海等地的深水良港也较多。

山东近海海洋生物、能源矿产资源富集。海洋生物种类繁多，全省海洋渔业产量长期居全国首位，其中，具有经济价值的各类生物资源达400多种。海洋矿产资源丰富，海洋油气已探明储量23.8亿吨，我国第一座滨海煤田——龙口煤田累计查明资源储量9.04亿吨，海底金矿资源潜力在100吨以上，地下卤水资源已查明储量1.4亿吨。海上风能、地热资源开发价值大，潮汐能、波浪能等海洋新能源储量丰富，海阳、荣成核电项目建设有条不紊，供电潜力巨大。

资料显示，山东半岛海岸带具有开发价值的旅游景点1500处，拥有包括刘公岛、长岛、芝罘岛、石岛、灵山岛、田横岛、庙岛群岛等著名岛屿在内的岛屿301处，规模较大的滨海沙滩1000余处，形成了以青岛、烟台、威海为一体的海滨旅游区。全省境内共有自然景观和人文景观旅游景点约800处，拥有A级旅游区（点）213家，古建筑、古遗址1.3万多处。山东半岛海洋人文资源底蕴深厚。海、岛、岸、山、城融为一体的自然风貌，丰厚的文化底蕴，形成了融汇齐文化、蓬莱仙话、秦汉东巡文化、宗教文化、胶东民俗文化与近代西方文化等多元文化为一体的山东海洋文化，近年来，举办的青岛奥帆赛、中国水上运动会、国际海洋节、中国海军节等一系列重大活动，进一步丰富了山东海洋文化内涵。

山东青岛港吞吐量突破3.5亿吨，日照港、烟台港相继突破2亿吨，预计山东全年完成港口吞吐量9.3亿吨，其中沿海港口吞吐量达到8.36亿吨，是“十五”期间的2.3倍。其中外贸吞吐量将完成4.5亿吨，由全国第二位上升为第一位，并成为全国唯一拥有3个亿吨海港的省份。随着港口配套设施的逐步完善，海港综合功能和集疏能力也将显著增强。

除港口运输外，近年来山东不断加快公路、铁路、航空等基础设施建设进程，水利、能源和通信等设施建设取得新进展，完善的基础设施体系对海洋经济发展的支撑保障能力不断增强。

山东省公路网发达。目前,山东省公路密度超过每百平方公里 40 公里,基本形成了以省会济南为中心,国、省道为骨架,县、乡公路为基础,干支相连、遍布城乡、四通八达的公路网,其中全省"五纵四横一环"高速公路网已建成使用,高速公路通车里程已达 4285 公里,在建里程 600 多公里,建设密度基本达到发达国家水平。

2015 年 3 月 17 日开工的青荣城际铁路,将结束山东半岛没有城际铁路的历史,把青岛、烟台、威海三个中心城市联系得更为紧密,基本实现"一小时生活圈"。目前全省"四纵四横"铁路网正在建设,未来将打通环海、省际铁路大通道,构筑沿海快速铁路、港口集疏运和集装箱便捷货物铁路运输、大宗物资铁路运输和省际客货铁路运输体系,形成功能完善、高效便捷的现代化铁路运输网络。

充分利用东亚环球光缆和中美国际直达海缆两条国际海底光缆从青岛登陆优势,山东还在加快构筑智能化、宽带化、高速化的现代信息网络。规划建设青岛至现有互联网国际通信业务出入口的专用通信通道,开展面向全球的数据处理、托管和存储等业务。

(2)国际经济新秩序重构。世界各国为了摆脱和避免全球性金融危机的覆辙,都各自试图通过新一轮的经济结构大调整寻找复苏的机会,建国际经济新秩序。以前人们对 WTO 充满希望,但多哈谈判 12 年的僵局使得国际社会开始对 WTO 失去了信心。

此时,美国借机在 WTO 之外另开炉灶,主导了跨太平洋伙伴关系协定(TPP)谈判和跨大西洋贸易与投资伙伴协定(TTIP)谈判。TPP 谈判国的 GDP 占世界 35%,成为世界最大的自由贸易区。TTIP 则是有史以来最大的美国与欧盟的双边贸易协定谈判。

(3)国际国内对"一带一路"的研究。国际上对"一带一路"的关注和研究十分广泛,"一带一路"沿线城市市长联谊会(论坛)一直没有中断,"一带一路"沿线国家的城市十分重视这个论坛,2009 年 5 月,在韩国平泽的第四届论坛上,许多学者还提出如"丝路标识""空中一带一路"等一系列新观点。国内研究方面,多个省份城市召开"一带一路:战略研讨会;山东社会科学院国际经济研究所所长、研究员李广杰在《山东融入"一带一路"建设的基本思路与对策》中提出具体详尽的对策具有非常现实的参考意义。

"一带一路"战略不单单指一条线的经济,而是指形成广泛的区域交通和经济联系网,包括软件和硬件两方面。"一带一路"区域经济发展越发引起国际社会关注。第二次世界大战以后,随着社会分工的进一步发展,生产和资本的国际化日趋加强,跨国公司及其国际直接投资开始迅速增长,其增长速度大大超过了国际贸易和国内投资的增长速度,成为世界经济发展的主导因素。以跨国公司跨国界经营行为为研究对象的企业国际化理论从20世纪50年代开始逐步发展起来。半个多世纪以来,世界经济发展的一个显著特点是各国企业经营活动的国际化,在很长的一段时间内,全球经济、区域经济、国家经济和跨国经济同时存在并持续发展,国际化经营已成为当今企业经营的主导趋势之一,而企业国际化理论理论不断丰富,形成了所谓“企业国际化理论丛林”。总体上看,企业国际化理论的探究是沿着三条路线进行的:

第一条是以产业组织理论为基础,以不完全竞争为条件的研究路线。其代表性的理论有海默[26](Stephen H. Hymer)和金德尔伯格(C. P. Kindleberger)等人的垄断优势理论[27];巴克利(Peter. J. Buckley)和卡森(Mark Casson)等人的内部化理论;凯夫斯(R. E. Caves)的产品差异论[29];以及尼克博克等的寡占反应论。

第二条研究路线是以国际贸易为基础,以完全竞争为条件。其代表性的理论包括弗农(Raymond Vernon)的产品生命周期理论;小岛清(K. Kojima)的比较优势投资理论等。

第三条研究路线是从企业管理的角度,以跨国经营行为、国际化演变过程的研究为主,代表性理论包括约翰森(J. Johanson)和瓦德协姆(Paul Wiedersheim)的企业国际化阶段论;出口行为理论;企业网络理论以及国际战略管理理论等。

8.1.2 山东省国际化竞争的基本特点

作为拥有渤海湾黄金海岸水道、毗邻日韩优势的山东,如何利用“引进来”与“走出去”的双轮驱动?根据有关资料,2014年山东进出口总额2771.2亿美元,实际利用外资152亿美元。2015年山东借助“一带一路”战略实施和中韩、中澳达成自由贸易协议的机遇,不断提高参与国际竞争与合作的能力,深化中韩地方经济合作示范区建设,积极申建青岛自由贸易港区。在“引进来”方面,山东要把“给优惠政策”转变为“搭创业平台”,推进引资方式的根本性转变;完善口岸管理体制,加快电子口岸建设,提高贸易便利化水平;破除投资审批、外汇管理、金融服务等方面的障碍;创建国家进口贸易促进示范区,加快发展跨境电子商务,加强外贸公共服务平台建设。

对于“走出去”这一个轮子,山东要充分发挥和习借鉴国外经验、开展跨国合作的主动性和创造性;加强与“一带一路”沿线国家和地区基础设施互联互通建设合作;完善山东境外投资布局,提高企业信用风险识别能力;深入实施市场多元化和以质取胜战略,加快提升以技术、品牌、质量、服务为核心的竞争力。山东应借鉴国际经验,以胶济铁路、京沪铁路山东段、日菏铁路为干线,加强沿线城市的联合与协作,整合人流、物流、资金流、信息流资源,建设山东的经济走廊 ,并使之与目前山东区域经济发展的板块结构结合起来,从而形成山东区域发展的新格局。

8.1.3 山东融入"一带一路"战略中的难点分析

山东省融入"一带一路"战略中面临的主要问题也较为严峻,首先,山东"东向"开放与"西向"开放存在明显的不平衡性,相对于与日本、韩国、东盟等 21 世纪"海上丝绸之路"沿线区域而言,山东与"丝绸之路经济带"沿线的中亚、中东欧、俄罗斯等区域和国家之间经贸合作尚处于起步阶段,基础比较薄弱。其次,山东的多数企业跨国经营层次不高、经验不足,主要表现在境外投资项目规模偏小、投资结构不够合理、投资方式比较单一等方面。第三,山东与"一带一路"沿线区域缺少国家级合作平台和地方层面合作交流机制。目前广西、广东、上海、福建等沿海省份和陕西、甘肃、宁夏、新疆等内陆省份,已分别与"一带一路"沿线区域建立起一些有效的合作机制,但山东在这方面仍比较欠缺。第四,山东的开放型经济体制还有待进一步完善,一些体制机制不适应国内外形势和开放型经济自身发展的需要,突出表现在贸易投资自由化、便利化等方面还面临较多障碍。主要有以下几个方面:

(1)运营模式转变较慢。山东省融入"一带一路"的国际化竞争一直是以产品的出口贸易为主,国际化业务经营模式转变的速度较慢,营销服务一体化进程推进缓慢,市场前移力度较小,对市场的整体掌控较弱,当然,这也与企业对海外市场的运营能力不足以及投入资金有限有关。根据 2008—2010 年《山东省统计年鉴》,对山东省内各市区的竞争力进行评估发现,地区经济发展不平衡成为制约山东竞争力提高的一大障碍。例如 2009 年东营市人均 GDP 为 102370 元,威海市为 68614 元,青岛市、济南市、淄博市和烟台市也均超过了 50000 元,这都大幅超出当年全国 25575 元/人的平均水平,但同时,也存在大幅低于平均水平的市区,比如最低的菏泽市人均 GDP 仅有 11649 元。

(2)服务能力有待加强。山东省融入"一带一路"信息化支持不足,备件数据和软件资料基础薄弱,经销商网络管控能力亟待加强,对重大问题的跟踪处理能力还很薄弱。同时,服务人员的技能有待进一步提升,公司对服务人员的培训有待加强。在 GDP 总量的比较中,山东也仅次于广东位居全国第二位。同时,山东还在固定资产投资、公路铁路密度、邮电业务总量 3 项指标中位列 2、3、4 位。但略显不足的是,山东在人均公共教育经费、城镇居民人均可支配收入、人均社会消费品零售额等方面排名靠后,特别是"第三产业产值占 GDP 比重"一项中,山东仅排到了

28 名,与位居前列的广东、江苏相比有较大差距。

(3)专业化的人才缺乏。山东省融入“一带一路”的各种领军拔尖人才比较缺乏,影响了国际化战略的顺利实施。当然,这个问题也国内省份参与国际化竞争中普遍存在的问题。

8.2 山东融入“一带一路”和参与国际化竞争面临的环境分析

本书以国际货币基金组织 2010 年的统计数据为基础,对世界经济与不同区域竞争增长、贸易发展、汽车业市场需求,说明山东省融入“一带一路”国际化竞争中所面临的现实环境,进而提出其山东省融入“一带一路”的对策措施以供决策参考。

8.2.1 经济形势与不同区域经济增长环境

从全球来看,2009 年经济衰退是近 30 年全球市场遭遇到的最严重的一次。目前世界经济已经开始逐步复苏, 2010 年底世界经济增速将达到 4.8% ,未来五年全球经济呈现平稳增长的态势,平均增速在 4.5% 左右。

而目前世界经济的最大特点是各经济体和地区间复苏速度不均衡,在未来一段时间这种情况还将会持续。新兴市场和发展中国家经济体恢复较快,平均增速将达 6.5% 以上见表 8-1。

不同区域市场经济增长数据 表 8-1

区域	2010 年	2011 年	2012 年	2013 年	2014 年	2015 年
世界经济	4.8	4.2	4.5	4.6	4.6	4.6
发达国家	2.7	2.2	2.6	2.6	2.5	2.4
新兴市场和发展中国家	7.1	6.4	6.5	6.6	6.6	6.7

1)美洲区市场

仍按国际货币基金组织 2010 的预测,北美经济逐步复苏,见表 8-2。

美洲区市场经济增长数据 表 8-2

区域	2010 年	2011 年	2012 年	2013 年	2014 年	2015 年
北美	2.9	2.5	3.2	3	2.9	2.7
南美	6.3	4.1	3.9	3.8	3.9	3.9

资料来源:IMF《世界经济展望》,2010 年 10 月。

2)欧洲区市场

西欧受主权债务危机等因素影响,经济复苏缓慢;而俄罗斯等东欧国家经济呈现更快的复苏态势,经济平均增速将在4%左右(表8-3)。

欧洲区市场经济增长数据　　表8-3

区域	2010年	2011年	2012年	2013年	2014年	2015年
西欧	1.6	1.5	1.9	2	2	1.9
东欧	3	3.8	4.2	4.1	4.1	4
德国	3.3	2	2	1.8	1.7	1.3
法国	1.6	1.6	1.8	2	2.1	2.1
俄罗斯	4.0	4.3	4.4	4.2	4.1	4.0
乌克兰	3.7	4.5	4.8	4.5	4.3	4.0

资料来源:IMF《世界经济展望》,2010年10月。

3)非洲区市场

非洲经济呈现平稳发展趋势,平均增速在4%以上。其中南非经济复苏主要受外需增长拉动,而尼日利亚等部分国家经济快速增长主要受石油价格回升刺激,如表8-4。

非洲区市场经济增长数据　　表8-4

区域	2010年	2011年	2012年	2013年	2014年	2015年
非洲	3.0	3.5	3.9	4.2	4.4	4.5
南非	3.0	3.5	3.9	4.2	4.4	4.5
埃及	5.3	5.5	5.7	5.9	6.2	6.5
尼日利亚	7.4	7.4	7.2	7.1	6.1	6.0
阿尔及利亚	3.8	4.0	4.1	4.1	4.1	4.1
埃塞俄比亚	8.0	8.5	8.0	8.0	8.0	8.0

资料来源:IMF《世界经济展望》,2010年10月。

4)中东区市场

受石油需求的增长和价格回升影响,中东地区国家经济平均增速在4.5%左右(表8-5)。沙特、卡塔尔等国家,庞大的基础设施建设投资将刺激经济更快的增长。

中东区市场经济增长数据 表8-5

区域	2010年	2011年	2012年	2013年	2014年	2015年
中东	3.6	5	4.6	4.3	4.4	4.4
沙特	3.4	4.5	4.4	4.5	4.6	4.7
伊朗	1.6	3.0	3.0	3.0	3.0	3.0
阿联酋	2.4	3.2	3.9	4.1	4.1	4.1
科威特	2.3	4.4	5.1	5.2	5.3	5.3
卡塔尔	16.0	18.6	9.3	4.6	4.9	5.1
伊拉克	2.6	11.5	11.0	10.0	11.0	10.2

资料来源:IMF《世界经济展望》,2010年10月。

5)亚洲区市场

南亚经济继续保持高速增长,未来五年平均增速在7.8%左右。而在出口及内需的双重拉动下,以及东盟经济一体化的快速发展,东南亚区域国家经济将实现快速的恢复性增长,经济平均增速在5.5%(表8-6)。

亚洲区市场经济增长数据 表8-6

区域	2010年	2011年	2012年	2013年	2014年	2015年
南亚	8.9	7.7	7.5	7.8	7.8	7.8
印度	9.7	8.4	8.0	8.2	8.1	8.1
土耳其	7.8	3.6	3.7	3.8	4.0	4.0
巴基斯坦	4.8	2.7	4.0	5.0	5.5	6.0
叙利亚	5.0	5.5	5.6	5.6	5.6	5.6

资料来源:IMF《世界经济展望》,2010年10月。

根据上面的数据,可以得出如下的结论:

(1)发达国家市场经济逐渐复苏,但复苏缓慢、增长乏力的态势仍将维持较长时间,但这些市场准入标准严格,我国汽车业仅能处于导入阶段;

(2)南美、东欧、非洲、中东、东南亚等我国汽车业出口的传统市场,区域经济保持平稳快速的增长,有利于我国汽车业出口实现更快更好的增长;

(3)南亚地区将是未来五年经济增长较快的区域之一,该地区成为未来我国汽车业出口新的主要增长点。

8.2.2 世界贸易发展环境

1)世界贸易发展情况

全球金融危机和经济衰退重创了世界贸易,2009 年全球贸易额大幅下降了 11.0%,但随着世界各国经济逐步复苏,世界贸易形势也逐步好转。根据国际货币基金组织和世界银行 2010 年的统计数据,“十二五”期间实现了 7.5% 以上的增长(如图 8-1 所示)。

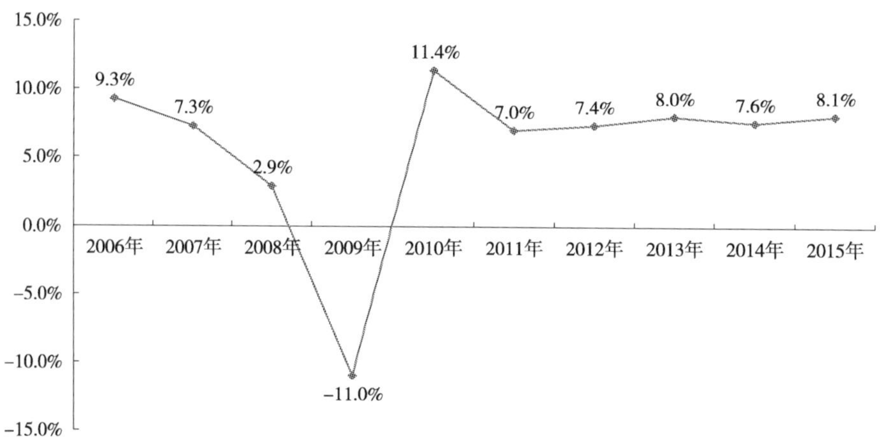

图 8-1 过去及未来五年世界贸易增长情况
资料来源:IMF、世界银行

2)我国外贸发展情况

2010 年全年进出口总额约为 2.8 万亿美元,较 2009 年增长 25% 左右。“促进外贸发展方式的转变”将成为政府关注的要点,与增速相比进出口的均衡发展更为重要,“十二五”期间外贸平均增速约为 9%(如图 8-2 所示)。

另外,在普遍关注的汇率方面,随着美元的普遍贬值,预计未来几年,人民币将面对更大的升值压力,至 2015 年,美元对人民币已达到 1:5,这将给中国汽车业等产品的出口带来更大压力。

3)针对我国的贸易保护主义抬头

世行 2010 年的报告显示,我国正成为全球贸易保护主义首要受害国。针对我国发起的反倾销调查数量以及针对我国商品的贸易保护主义政策数量明显增多(图 8-3),这与近来全球贸易保护主义呈明显下降的趋势背道而驰。

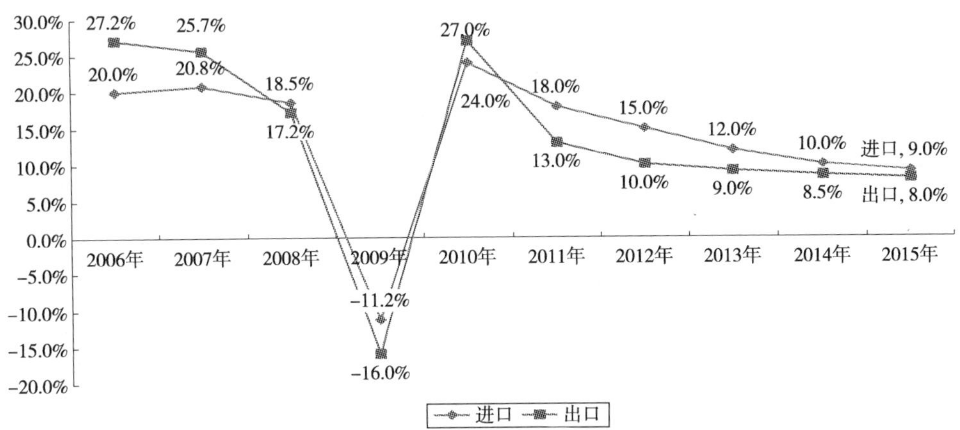

图 8-2　过去及未来五年我国进出口贸易增长情况

资料来源:国际货币基金组织、世界银行

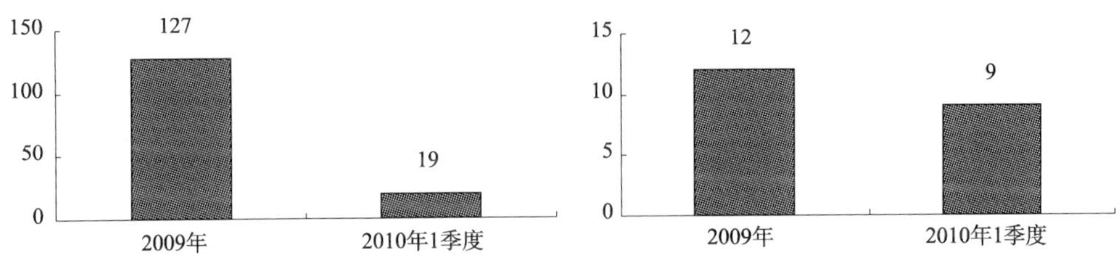

图 8-3　全球及针对中国反倾销调查发起情况

资料来源:世界银行

而在2010年全球新启动的15项贸易保护政策中,针对我国商品的就占到了10项。显然,这种贸易保护的趋势将为越加明显。

根据上面的情况,可以看出:

(1)尽管世界经济整体延续复苏趋势,全球贸易开始恢复,但外需增长动力依然不足,这对我国汽车业的国际化竞争会带来不利影响;

(2)近期,美元持续大幅贬值,而从中期来看,美元仍将继续走低,主要货币汇率博弈加剧,企业经营风险上升,人民币升值将给我国汽车业产品出口带来更大压力;

(3)在国际市场需求增长乏力,国际竞争加剧的情况下,各国政府出台了一系列贸易救济等措施,强化对本国相关产业的贸易保护。我国作为世界第一大出口国,成为国际贸易保护主义的主要针对目标,进出口增长必将受到极大影响。

8.2.3 我国汽车出口总体情况

近年全球汽车业生产规模将年均增长7%左右,2015年已达到9600万辆。伴随全球经济复苏及消费者信心恢复,全球汽车市场实现了恢复性增长,但受旧车报废政策逐步退出的影响,西欧汽车市场,特别是德国汽车市场,销售低迷。

从行业集中度来看,老牌四国(美国、日本、德国、韩国)产量占全球汽车产量比重逐年减少,金砖四国(中国、巴西、印度、俄罗斯)汽车产量占比逐年增加,世界汽车生产重心正在逐渐向金砖四国等发展中国家和地区转移。

以中国为代表的新兴市场(主要指近十几年发展起来的国家和地区)是未来汽车生产增长的主要地区,成熟市场(以欧、美、日等经济大国为主)实现恢复性增长。2009—2015年,新兴市场的汽车生产年均增长率达到12%,而成熟市场年均增长率为6%。其2009年及2015年具体的全球汽车生产分布如图8-4所示。

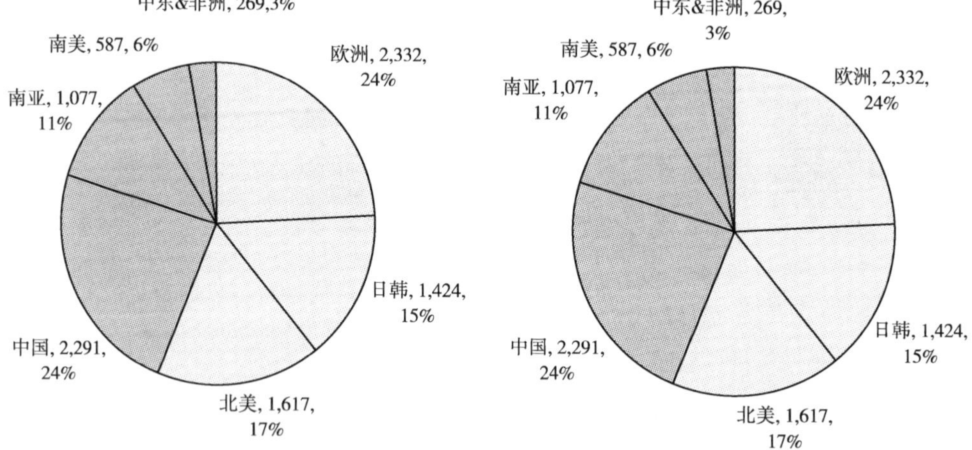

图8-4 2009及2015年全球汽车生产分布

资料来源:美国IHS公司,中国含台湾省

通过上面的数据,可以得出以下结论:

虽然目前汇率波动、贸易摩擦、技术升级等新的不确定性因素大大增多,严重阻碍了我国汽车业等产品的出口。但随着全球经济的逐步复苏,将拉动汽车业消费的平稳增长,以中国为代表的发展中国家汽车业市场将得到快速发展。

8.2.4 山东省融入"一带一路"国际化竞争中所存在的机遇和挑战

1)山东省融入"一带一路"所存在的机遇

第一,全球经济逐步复苏,市场需求恢复。

具体表现在两个方面:一是在大规模经济刺激政策拉动下,全球经济逐步复苏,汽车业市场需求开始恢复性增长;二是全球汽车业市场空间巨大,同时受各国经济发展水平、消费水平和消费习惯等影响,从低档到高档,从欧Ⅰ到欧Ⅴ,需求层次广。

在经济地理分布位置上,山东处于长三角经济带和京津冀经济圈两大经济区连接线上,承南启北作用突出。青岛港处于海陆丝绸之路“十”字结点位置,优势明显;瓦日铁路建成通车,日照港货物可从新疆阿拉山口出境,进入中亚五国,最终抵达鹿特丹、安特卫普等欧洲口岸,全长1万公里,辐射世界40多个国家和地区,贯穿我国境内8个省(区)。山东的优势主要体现在区位交通、产业基础、对外开放、科技人文等方面。首先,山东位于渤海与黄海之间,新亚欧大陆桥东端,北接京津冀,南连长三角,处于东北亚经济圈的核心地带。交通基础设施完善,特别是港口资源丰富,是我国长江以北唯一拥有三个超两亿吨大港的省份。其次,山东的产业基础优势明显。山东粮食产量居全国第二位,农产品出口占到全国的四分之一,并连续多年保持全国第一;工业体系门类齐全,已形成以能源、化工、冶金、建材、机械、纺织等支柱产业为主体的工业体系,同时浪潮集团、中国重汽、海尔集团等一批源自山东的跨国公司正在形成;海洋生产总值居全国前列,海洋科研实力居全国首位。第三,山东对外贸易规模一直位居全国前列,且出口结构不断优化;外商直接投资始终处于稳定增长态势,且近年来服务业利用外资快速增长;对外经济合作迅猛发展,境外投资一直保持全国第二位。同时,山东与“一带一路”沿线国家和地区之间的经贸合作日益密切。第四,山东具有良好的对外开放合作平台与载体优势。众多的保税港区、出口加工区、综合保税区和各类经济园区,能够为参与“一带一路”建设提供平台和载体支撑。此外,山东具有较强的人文优势,以儒家文化为代表的齐鲁文化在海外有着广泛而深远的影响。

第二,依托国内庞大市场,产品优势显现。

首先,我国国内市场发展迅速,汽车业产品的制造和运营成本进一步摊薄,提升了产品的价格竞争力;其次,国内市场的蓬勃发展,推动了汽车业的战略转型,加速了公司乘用车产品的开发,为国际市场提供了更丰富的产品平台。最后,政府的积极支持及推动企业“走出去”,为企业国际化市场开发提供了良好地政策环境。

山东区位优势独特,与沿线国家地区经济互补性强,再加上中韩、中澳达成自由贸易协议,国家深入推动东亚海洋合作平台、中韩铁路轮渡项目等建设,深化中韩地方经济合作示范区建设,等等,都为山东提供了参与国际竞争与合作的良好机遇。山东将抓住机遇,在融入“一带一路”过程中充分发挥产业优势,深入实施品牌、资本、市场、人才和技术的国际化战略,在“一带一路”沿线合作建设资源基地、生产基地、综合服务基地、研发设计基地和布局营销网络,并向产业价值链分工的高端发展,不断提高国际合作质量和水平。

2)山东省融入"一带一路"所面临的挑战

第一,外部环境有待改善,竞争加剧升级。

这具体表现在以下几个方面:一是国际贸易环境有待改善,各国政府设立各种贸易和技术壁垒,如俄罗斯针对我国汽车业的政策调整、委内瑞拉的配额制度等等,而近期专门针对我国的反倾销及贸易保护政策有急剧上升的势头;二是汇率、运费以及钢材、石油等非常规因素的变化对汽车业出口的影响巨大;三是我国汽车业产品的无序竞争造成的质次价廉的整体定位难以在短期内改变;四是国际品牌加快了产业转移和结构调整的速度。

第二,内部资源调配不足,调整尚待时日。

首先,山东"东向"开放与"西向"开放存在明显的不平衡性,相对于与日本、韩国、东盟等21世纪"海上丝绸之路"沿线区域而言,山东与"丝绸之路经济带"沿线的中亚、中东欧、俄罗斯等区域和国家之间经贸合作尚处于起步阶段,基础比较薄弱。其次,山东的多数企业跨国经营层次不高、经验不足,主要表现在境外投资项目规模偏小、投资结构不够合理、投资方式比较单一等方面。第三,山东与"一带一路"沿线区域缺少国家级合作平台和地方层面合作交流机制。目前广西、广东、上海、福建等沿海省份和陕西、甘肃、宁夏、新疆等内陆省份,已分别与"一带一路"沿线区域建立起一些有效的合作机制,但山东在这方面仍比较欠缺。第四,山东的开放型经济体制还有待进一步完善,一些体制机制不适应国内外形势和开放型经济自身发展的需要,突出表现在贸易投资自由化、便利化等方面还面临较多障碍。对于山东省来说,资源调整尚待时日,资源调整还需要加大力度。

3)山东省融入"一带一路"战略中机遇大于挑战

面对全球经济格局加速变革,山东以一带一路战略为契机,积极寻求新定位、发挥新优势,深度融入全球化掘金世界,构筑经济新版图。

通过查询海关统计数据发现,今年像图书、胶片、雕塑工艺品、刺绣这些的文化产品的出口今年独树一帜,不仅出口额实现了倍增,占山东出口的比重也是从1.5%提升到3.5%。

除了文化产品、农产品、纺织服务、箱包家具等劳动密集型产品对拉动山东出口贡献最大,地缘优势,让青岛、烟台等东部沿海地区龙头带动作用依旧,但中西部地区的济南、枣庄、莱芜、菏泽、济宁等地两位数的出口增速,让它们一跃成为外贸生力军。主力、生力双轮驱动,货物、服务并驾齐驱,不久前山东出台意见,将旅游、运输、技术、金融等服务的出口纳入了各级考核评价指标体系,到2020年山东服务贸易额有望超过600亿美元。

一起漂洋过海的还有山东的人才和资本,中巴经济走廊是一带一路战略的重要支点,随着华能、如意等能源项目的加速布局,到明年底,由“山东贡献”的发电量将占到整个巴基斯坦发电总量的15%。

目前,山东在巴投资已经超过了30亿美元,成为国内最活跃的省份。中巴、孟中印缅、中俄蒙、新亚欧大陆桥、中国—中亚—西亚、中国—中南半岛,目前,山东企业的步伐已经遍布“一带一路”沿线六大经济走廊。仅今年上半年,山东就有近百家企业赴“一带一路”投资,对外承包工程新签合同额和完成营业额增速均超过20%,占全省的比重均超过了61%。在加强一带一路沿线基础设施建设的同时,更多的山东企业还将目光瞄准了行业全球制高点,海尔并购通用,青岛万达并购美国传奇影业、金正大并购德国康普化肥公司、雷沃重工并购德国高登尼农机公司,在一批大项目好项目的带动下,今年上半年山东境外投资的增速超过了两倍。

山东积极推动企业到“一带一路”沿线国家设立研发机构、建立生产基地、承建重大工程项目。2016年上半年,山东有近百家企业赴“一带一路”沿线国家投资,对外承包工程新签合同额和完成营业额增速均超过20%,占全省的比重均超过了61%。目前,山东企业的步伐已经遍布中巴、孟中印缅、中俄蒙、新亚欧大陆桥、中国—中亚—西亚、中国—中南半岛等“一带一路”沿线六大经济走廊。特别是在巴投资已经超过了30亿美元,成为国内在巴投资最活跃的省份。支持企业加大国际营销品牌兼并、收购、整合。2016年以来,在加强一带一路沿线基础设施建设的同时,更多的山东企业还将目光瞄准了行业全球制高点,海尔并购通用,青岛万达并购美国传奇影业、金正大并购德国康普化肥公司、雷沃重工并购德国高登尼农机公司。在一批大项目好项目的带动下,今年上半年山东境外投资的增速超过了两倍。山东精心组织主题突出、实效性强的重点招商活动。组团参加丝绸之路国际博览会、第十六届中国西部国际博览会、中国新疆喀什·中亚南亚商品交易会等境内外重点招商促进活动,赴澳新、缅泰巴、哈俄蒙开展一系列经贸活动。

综合上面的经济形势、贸易发展、出口情况等环境分析,山东省在融入“一带一路”战略中,在参与国际化竞争中,既有促使发展的有利环境,又有阻碍发展的不利环境,这就山东省能够审时度势、采取相对有效的策略举措,将一些发展中的不利因素转化为有利因素,以实现国际化竞争的胜利。

山东要充分发挥和学习借鉴国外经验、开展跨国合作的主动性和创造性;加强与“一带一路”沿线国家和地区基础设施互联互通建设合作;完善山东境外投资布局,提高企业信用风险识别能力;深入实施市场多元化和以质取胜战略,加快提升以技术、品牌、质量、服务为核心的竞争力。山东应借鉴国际经验,以胶济铁路、京沪铁路山东段、日菏铁路为干线，加强沿线城市的联合与协作，整合人流、物流、资金流、信息流资源，建设山东的经济走廊，并使之与目前山东区域经济发展的板块结构结合起来，从而形成山东区域发展的新格局。

8.3 山东融入"一带一路"战略的基本思路

山东融入"一带一路"建设，应充分发挥自身优势，以提升开放型经济发展水平、促进产业转型升级、增强在全国区域经济发展大格局中的地位为目标，以"一带一路"沿线国家的合作需求为导向，强化青岛、烟台、日照、威海等沿海港口城市和济南、淄博等内陆中心城市的支点、节点作用，深化与"一带一路"沿线国家之间的基础设施互联互通合作、贸易合作、产业投资合作、能源资源合作、海洋领域合作、人文交流合作，加强与国内其他省份合作，培育山东参与国际合作竞争的新优势，把山东打造成为区域性国际交通物流枢纽、"一带一路"经贸合作高地、国家海洋经济对外合作示范区、全国东中西部联动开放发展重要引擎，对于山东来说，参与、推进"一带一路"建设，对自身发展和经济转型升级有极其重要的意义。

首先，参与"一带一路"建设是抢抓国家对外开放新机遇、提升山东开放型经济发展水平的重要途径。经贸合作是"一带一路"建设的基础和主轴，积极参与"一带一路"建设，有利于拓展山东对外贸易发展空间，推动农产品、工业品等出口产品多元化市场格局的形成，促进产品出口规模的扩大。同时，"一带一路"沿线许多国家能源资源富集，有利于山东拓展进口渠道，满足经济发展对能源资源的需求。另一方面，山东开放型经济发展已进入产品输出和资本输出并重阶段，企业"走出去"的意愿强烈，积极参与并推进"一带一路"建设，加强与沿线国家和地区之间的产业合作，将为山东轻工、纺织、建材、装备制造等传统优势产业"走出去"提供广阔舞台，推动山东企业扩大对外投资。

其次，参与并推进"一带一路"建设是拓展经济发展新空间、促进山东经济转型升级的现实需要。"一带一路"沿线国家和地区大多劳动力成本低、资源能源丰富、工业化发展水平较低，积极推进"一带一路"建设，可以拓展传统工业行业市场空间，通过产业合作促进传统优势产能向沿线发展中国家转移，推进山东传统产业改造升级。

最后，参与并推进"一带一路"建设是优化省际区域合作、提升山东在全国区域经济发展格局中地位的必然选择。近年来，国内区域发展竞争日趋激烈，积极参与并推进"一带一路"建设，有利于把山东打造成为我国全方位对外开放的重要门户，对环渤海区域和黄河流域中西部省份深化对外开放发挥重要促进作用。同时，在参与和推进“一带一路”建设的过程中，山东通过与中西部地区开展产业链分工合作，推进产业、资金、技术、人才向中西部地区转移，有利于促进中西部地区的资源开发和产业发展，增强中西部地区扩大向西开放的产业支撑，促进我国东中西部联动开放、优势互补、协同发展。

山东融入“一带一路”建设的基本思路，山东是“一带一路”交汇的交通物流枢纽、我国东西双向开放的桥头堡、国家海洋经济对外合作核心区和“一带一路”区域合作的重要平台。之所以要打造“一带一路”交汇的交通物流枢纽，原因在于：从陆上看，“丝绸之路经济带”的主要依托是穿过我国东中西三大地带、经过亚欧大陆多数国家、被称作“现代丝绸之路”的新亚欧大陆桥，而新亚欧大陆桥的“东方桥头堡”是连云港和日照，因此可以说山东位于“丝绸之路经济带”的东端；从海上看，《愿景与行动》中提到的21世纪“海上丝绸之路”的沿海重点港口中，北部环渤海区域的港口包括大连、天津、青岛和烟台。除了青岛和烟台外，山东的港口资源整体优势也非常突出，港口密度居全国之首，可以说山东位于21世纪“海上丝绸之路”的北端。所以，山东处于“一带一路”的十字交汇点上，具有打造交通物流枢纽的天然优势。而之所以要将山东打造成为我国东西双向开放的桥头堡，是因为山东向西通过新亚欧大陆桥可连接我国中西部地区及中亚和欧洲各国，向东出海可直接面向东北亚及整个环太平洋地区，具有深化国际国内合作、聚集生产要素、吸引各方投资和带动区域发展的良好区位条件和广阔的辐射范围，在促进东西双向开放上具备独特的优势。具体从以下几个方面推进：

8.3.1 加强与沿线国家基础设施互联互通合作

基础设施互联互通是“一带一路”建设的优先领域。一方面，山东应进一步加强港口、机场以及陆路交通基础设施建设，推动山东港口、机场与“一带一路”沿线国家港口、机场的合作与互联互通，构建连通内外、便捷高效的海陆空综合运输体系。另一方面，山东应发挥对外承包工程能力较强的优势，积极参与我国与沿线国家基础设施互联互通合作，促进山东企业到沿线国家扩大对外工程承包业务，参与沿线国家基础设施建设。深化与沿线国家的贸易投资合作，贸易投资合作是共建“一带一路”的重点内容。共建“一带一路”为山东深化与沿线国家贸易投资合作带来前所未有的机遇。深化与沿线国家的贸易合作。我国与“一带一路”沿线国家贸易合作潜力巨大，据统计，过去10年我国与“一带一路”沿线国家的货物贸易年均增长19%，高出同期我国对外贸易平均增速4个百分点。山东应通过提升对外贸易便利化水平、积极开展面向“一带一路”沿线国家的贸易促进活动，实现与沿线国家贸易合作规模的持续扩大。

扩大对沿线国家的直接投资。“一带一路”沿线大多属于发展中国家和地区，处于工业化、城市化快速发展阶段，开展投资合作的意愿强烈。我国对“一带一路”沿线国家的投资大于引进投资，已成为一个重要现实背景。山东应抓住“一带一路”建设带来的扩大对外投资机遇，以提升山东产业在全球价值链分工中的地位为目标，引导轻工、纺织、建材、钢铁、电子设备、化工材料、工程机械等传统优势产业和装备制造业到“一带一路”沿线国家投资设厂，促进优势企业在全球布局产业链条；促进山东企业到矿产资源富集的沿线国家投资，实现矿产资源开采、冶炼、加工一体化发展；发挥山东农业发达优势，深化与农业资源丰富的沿线国家开展农业种植、畜牧养殖、林木种植加工合作。

积极引进“一带一路”沿线国家跨国企业的高技术含量、高附加值投资项目。坚持利用外资与对外投资并重，继续优化营商环境，吸引“一带一路”沿线国家企业到山东投资发展，在现代服务业、装备制造、节能环保、食品加工等领域开展投资合作。

8.3.2 加强与沿线国家海洋领域合作

发挥山东海洋经济和海洋科技综合实力强的优势，以山东半岛蓝色经济区为依托，推进与“一带一路”沿线国家在港口建设与海洋航运、海洋渔业、临港产业、海洋生态保护、海洋防灾减灾、海洋科技与人才教育等方面的合作，将山东建设成为中国与沿线国家海洋经济合作示范区和海陆统筹发展试验区。加强与沿线国家的人文交流合作，“一带一路”既是“经贸合作之路”，也是“人文合作之路”。山东融入“一带一路”建设，应坚持以扩大人文交流促进经贸合作，以旅游、教育、科技、文化、社会事业等领域交流合作为切入点，加强与沿线国家的人文交流与合作，为提升经贸合作关系奠定坚实基础。

推进与沿线国家的旅游合作，合作吸引跨境客源，合作开发旅游精品路线和旅游产品，把山东建设成为具有国际竞争力和较高知名度的国际旅游目的地。加强与沿线国家文化教育方面的交流合作，在山东建设一批面向沿线国家的教育培训中心和留学生基地，扩大相互间留学和培训规模。以儒家文化为主题，通过与沿线国家互设文化馆、旅游节等活动，打造一批文化交流项目，增强山东在“一带一路”沿线国家的文化影响力和亲和力。推动山东重点智库与沿线国家智库建立联系交流合作机制，共同开展学术科研交流和人才培养。

8.3.3 加强与周边省份和中西部省份的合作

国内其他省份在对外开放、产业发展、商贸物流等方面各有独特优势，加强与国内其他省份的合作对于山东更好地融入“一带一路”建设至关重要。山东应突出加强与周边省份和黄河流域中西部省份在产业发展、国际物流通道建设、区域通关一体化等领域的合作，与各省份之间形成相互促进、互利共赢的开放发展格局。

强化支点城市、节点城市建设。支点城市、节点城市是推进“一带一路”建设的重要载体和依托。我国《推动共建丝绸之路经济带和21世纪海上丝绸之路的愿景与行动》和相关规划中，从国家层面把青岛、烟台列为海上合作战略支点城市，把青岛、日照列为新亚欧大陆桥经济走廊的主要节点城市。山东应从省级层面明确一些沿海港口城市和内陆中心城市在“一带一路”建设中的支点城市、节点城市地位，立足其自身优势，提升其核心功能，把这些支点城市、节点城市打造成为对外开放高地、开放型经济发展高地，使其在山东融入“一带一路”建设中发挥引领带动作用。

8.4 山东融入“一带一路”建设的推进对策

最近，中央召开“一带一路”战略推进座谈会，就推进“一带一路”建设作出重大部署，对于构建开放型经济新体制，形成全方位对外开放新格局，推动我国和沿线各国交流合作、更好造福沿线各国人民具有十分重要的意义。习近平总书记的重要讲话，是对“一带一路”重大战略思想的进一步完善和升华，是对党中央治国理政新理念新思想新战略的丰富和发展，为深入推进“一带一路”建设提供了重要遵循、指明了方向。山东要认真学习领会习近平总书记重要讲话精神，深刻认识“一带一路”建设的重大现实意义和深远历史意义，不断增强推进“一带一路”建设的自觉性坚定性，抓住有利机遇，发挥比较优势，更加主动融入国家战略，充分调动企业积极性主动性，加强境外安全保护工作，推动“一带一路”建设取得更大成效。

山东要认真贯彻落实中央各项决策部署，着力推进与“一带一路”沿线国家的经贸合作，取得积极进展。要按照中央部署要求，深入研究谋划山东融入“一带一路”战略的思路举措，加强融入“一带一路”建设同山东“两区一圈一带”区域发展战略对接，同加快供给侧结构性改革对接，进一步明确山东参与“一带一路”建设的重点工程、重点项目、重点事项。要加强国际产能合作和宣传推介，密切与沿线国家和地区的交流合作。要主动跟进、认真研究国家出台的具体政策措施，在政策保障、资金支持、要素支撑等方面研究有针对性的良策实招，强化“走出去”风险防控，着力提高应对各方面风险的能力。要充分发挥山东省地处“一带一路”沿线的有利优势，认真学习借鉴兄弟省区的经验做法，立足山东实际研究探索，从严从实从细抓好各项工作落实。

本研究认为可以将山东参与“一带一路”的总体目标分解为近期、中期和远期三个阶段性目标。近期目标是，争取用5年左右的时间，重点推进山东与“一带一路”沿线国家和地区的互联互通基础设施建设，使交通物流支撑能力明显提升，启动并实施一批重点带动项目，以项目为依托建设一批双边、多边合作的国别产业园区，同时打造一批境外合作园区，使合作平台和合作机制初步设立，与“一带一路”沿线国家和国内省份建立起较紧密的合作关系，合作格局初步形成。中期目标方面，争取用10年左右的时间，实现山东与“一带一路”沿线国家和地区在经贸、产业、科技、文化、航运物流等方面的合作水平和层次显著提高，贸易投资便利化程度大幅提升，山东作为“一带一路”交汇的交通物流枢纽、我国东西双向开放的桥头堡和东中西联动发展的重要引擎的作用初步显现，开放型经济发展取得突破性进展。远期目标方面，通过前两个阶段的建设发展，争取到本世纪中叶，山东作为“一带一路”交汇枢纽的作用得到充分发挥，与“一带一路”沿线国家和地区在产业、贸易、港口物流、文化、科技、旅游等方面的全方位合作体系完全形成，成为与日韩、中亚、东南亚等国家区域合作的重要平台和高地，成为新亚欧大陆桥经济走廊的重要增长极。

8.4.1 完善山东推进“一带一路”建设实施方案和实施项目

“一带一路”涉及东北亚、东南亚、南亚、澳洲、非洲、中亚、西亚、中东欧、欧盟等区域的60多个国家和地区，这些国家和地区资源禀赋各异、历史文化千差万别、经济发展水平不一，与山东合作的基础与潜力也各不相同。山东应根据“一带一路”沿线不同国家和地区的具体特点，明确与沿线不同国家和地区合作的重点领域。同时，把与山东具有良好经贸合作基础、合作潜力大的区域和国家作为重点合作对象。特别是应抓住中韩自贸区、中澳自贸区以及打造中国—东盟自贸区升级版机遇，深化与韩国、澳大利亚和东盟国家的合作。明确与“一带一路”沿线的重点合作领域和重点合作区域，进一步完善山东推进“一带一路”建设实施方案，明确战略定位、重点合作领域、推进措施，并主动与国家有关部门沟通、对接，做好与国家规划和政策的衔接。

在2016年5月，在山东省发改委、省商务厅、省外办联合主办的“一带一路”战略高层对接洽谈会上，山东省启动建立了首批“一带一路”建设重大项目库，共210个项目，其中境外项目190个，总投资4500亿元。到2020年，山东将建设一批互联互通基础设施和合作平台，培育一批具有较强国际竞争力的跨国企业，建成一批优势产业境外园区和能源资源基地，全省面向“一带一路”沿线国家货物进出口额年均增长5%左右，境外投资额年均增长15%左右。参与一带一路重点项目共分为七大类,其中基础设施类项目 75 个,总投资 2861 亿元;产能合作类项目 81 个,总投资 1214 亿元;能源资源类项目 15 个,总投资 97 亿元;人文教育项目 5 个,总投资 213 亿元;金融合作项目 5 个,总投资 91 亿元;生态环保类项目 4 个,总投资 18 亿元;其他项目 5 个,总投资 9.6 亿元。190 个参与一带一路重点境外项目中,涉及基础设施、产能合作、能源资源等 7 大类项目,平均投资规模为 23 亿元,其中总投资额超过 50 亿元的项目有 18 个,主要集中在基础设施和产能合作项目上。此外,来自青岛、潍坊、烟台的项目占据前三,分别为 43 个、25 个、23 个,但还有 6 个市的投资项目少于 5 个。对于项目的海外分部情况,位居前列的国家有印度尼西亚 20 个,柬埔寨 19 个,俄罗斯 17 个,巴基斯坦 15 个,印度 13 个,越南 11 个,马来西亚和新加坡各 10 个,这 8 个国家占到总项目的60%。山东将以建设国际区域性现代物流中心为目标,加快基础设施建设,构建辐射丝绸之路经济带的国际物流大通道。同时全面开展国际产能合作,支持具有资质的大型企业,积极承揽境外重大工程,带动重要商品出口。此外,还将全面拓展金融业务合作,研究设立山东省参与建设“一带一路”引导基金。

8.4.2 建立完善与沿线国家之间的合作交流机制

对外合作机制是促进对外合作交流的重要保障。山东应进一步完善与沿线国家地方政府间合作机制,加强与沿线国家之间的友好城市建设,促进与沿线国家地方政府层面的合作交流;拓宽民间交流渠道,充分发挥商会、行业协会等民间组织作用,建立完善与沿线国家的民间交流机制。通过政府互访、青年交往、学术往来、文化交流、经贸活动等多种渠道和形式,加强与沿线国家地方政府间和民间的友好交往。加强对外经贸合作平台和载体建设,打造跨境电子商务和外贸综合服务平台。高水平建设运营山东国际电子商务平台,加快与沿线国家有影响力的电子商务平台对接,支持企业利用网络平台开拓国际市场。培育和引入外贸服务企业,打造具备电子交易、公共信息、口岸通关、金融配套、航运物流、出口退税等全流程服务功能的外贸综合服务平台。积极建设境外经贸合作区。目前,我国已批准设立 19 家国家级境外经贸合作区,已通过确认考核的 13 家,一些省份还设立了若干省级境外经贸合作区。山东在已通过确认考核的 13 家国家级境外经贸合作区中占据 3 席,数量位居全国前列。山东应在继续抓好国家级境外经贸合作区建设的同时,鼓励、支持省内大型企业和国家级开发区到“一带一路”沿线国家投资建设境外经贸合作区,为山东企业到沿线国家投资提供重要载体和平台。发挥大型骨干企业和国家级开发区的引领作用,带动省内一批中小型配套企业“走出去”,实现“以大带小、抱团出海”,促进山东对外投资企业在境外聚集发展,打造全产业链战略联盟,形成综合竞争优势。积极申报设立自由贸易试验区。以青岛、烟台、威海等沿海城市的海关特殊监管区域为依托,继续积极申报自由贸易试验区,争取在开放型经济体制机制创新方面先行先试。抓好重大项目的筛选与落实。重大项目是推进"一带一路"建设的重要抓手,无论国家层面还是省级层面,都需要筛选、落实一批重大项目。山东应围绕基础设施互联互通、国际产能合作、能源资源合作、海洋领域合作、文化交流合作等方面,积极筛选一批推进"一带一路"建设的重大项目,争取纳入国家相关规划,并抓好重大项目的实施与落实。

8.4.3 完善对外经贸合作公共服务体系

山东企业在融入"一带一路"建设过程中,面临着一系列风险考验。同时,融资难、风险保障机制不健全、信息与咨询服务缺乏、境外纠纷法律援助体系不完善等问题,明显制约着山东企业对外经贸合作的开展。山东应进一步完善对外经贸合作公共服务体系,为企业开展对外经贸合作提供必要的服务和支持。

(1)加大对企业境外投资的政策支持力度。完善促进企业境外投资的财税、金融、保险、人才等方面的支持政策,促进企业开展境外投资。

(2)组织相关机构加强"一带一路"沿线国家的国别研究。对"一带一路"沿线国家的投资环境、法律环境、产业发展和政策、市场需求、投资风险等方面进行分析研究,为企业开展对外贸易、境外投资提供信息、咨询服务。

(3)强化行业协会和中介机构作用,为企业境外投资提供法律、会计、税务、咨询、知识产权、风险评估和认证等服务。加快对外经贸体制机制创新。推进贸易便利化。深化通关作业改革,加快检验检疫信息化建设,积极探索、推广区域通关管理模式,简化手续,减少环节,降低费用,提高效率。加快外商投资管理体制改革。落实国家涉外投资审批体制改革措施,争取试点外商投资准入前国民待遇加负面清单管理模式。创新对外投资管理体制。积极推进对外投资管理体制改革,在项目审批、外汇管理、金融服务、货物进出口、人员出入境等方面进一步放宽限制。

8.5 本章小结

本章通过分析世界经济形势和山东作为我国重要的经济大省、对外经贸大省、海洋经济大省,在相应区位优势的基础上,应抓住当前国家实施建"一带一路"重大机遇,积极融入"一带一路"建设,着力扩大与沿线国家之间的双向贸易、双向投资、次区域合作以及人文交流合作,以提升经济国际化水平、加快经济转型升级、推进经济文化强省建设。并在基础上提出了山东省融入“一带一路”中的基本思路和推进措施等。

本章的研究工作及成果主要包括：

(1)国家“一带一路”战略的实施，是党中央在深刻分析国际国内政治经济形势的基础上作出的重大决策，共建“一带一路”是我国适应国际经济格局新变化、顺应经济全球化和区域经济一体化纵深发展新趋势的重要经济和外交战略，是我国构建全方位对外开放新格局、培育发展新优势的重大战略部署。山东作为我国重要的经济大省、对外经贸大省、海洋经济大省，应抓住共建“一带一路”重大机遇，积极融入“一带一路”建设，着力扩大与沿线国家之间的双向贸易、双向投资、次区域合作以及人文交流合作，以提升经济国际化水平、加快经济转型升级、推进经济文化强省建设。

(2)山东为什么要实施融入“一带一路”战略中去？国家“一带一路”战略的实施，为我国沿线省份和沿线国家带来前所未有的战略发展机遇，而国际化能力是国家竞争力的核心，也是沿线省份快速发展的关键，在“一带一路”战略中，经济全球化是当代自主创新的主体，为提高自主创新能力，突破发达国家及其跨国公司的技术垄断，争取更为有利的贸易地位和竞争优势。这是山东适应国际市场发展变化的基本要求。

(3)与发达地区相比，山东融入“一带一路”建设，应充分发挥自身优势，以提升开放型经济发展水平、促进产业转型升级、增强在全国区域经济发展大格局中的地位为目标，以“一带一路”沿线国家的合作需求为导向，强化青岛、烟台、日照、威海等沿海港口城市和济南、淄博等内陆中心城市的支点、节点作用，深化与“一带一路”沿线国家之间的基础设施互联互通合作、贸易合作、产业投资合作、能源资源合作、海洋领域合作、人文交流合作，加强与国内其他省份合作，培育山东参与国际合作竞争的新优势，把山东打造成为区域性国际交通物流枢纽、“一带一路”经贸合作高地、国家海洋经济对外合作示范区、全国东中西部联动开放发展重要引擎，带动中国山东的整体提高，实现新战略形式下山东的跨越式发展。

第9章　总结与研究展望

9.1　主要工作及结论

本书研究目的在于，为我国汽车业国际化竞争的规划与实施提供参考和理论依据，在“一带一路”的战略背景下帮助我国汽车业加快实施“走出去”战略，参与经济全球化，以拓展经济发展空间，并充分利用国际、国内两个市场、两种资源，来提高企业自主创新能力以及核心竞争力和国际竞争力。

本书在借鉴国内外相关文献的基础上，从理论分析入手，围绕我国汽车业的国际化竞争进行了较为系统的研究。全书首先对发达国家的国际化竞争历程进行了分析和总结，以找出其各自的经验和启示，从而为我国汽车业国际化竞争提供借鉴；接着分析了我国汽车业国际化竞争的现状及问题，并通过我国汽车业国际化竞争力 AHP 分析模型，得出了我国汽车业国际化竞争不足的现实问题；为了给出较为具体的策略建议，书中还对我国汽车业实施国际化竞争战略的内外部环境因素进行了分析。

本书重点研究了我国汽车业的国际化竞争策略，主要从三个方面展开：一是进入模式，主要研究了不同进入模式的分析、进入的影响、兼并收购等策略情况；二是具体的竞争策略，主要研究了策略方针、具体策略措施、策略转型等内容；三是风险控制，主要研究了存在的风险情况、风险成因、风险控制策略等内容。

由于本研究实践性较强，在理论上尚无清晰的成果依托，在对我国汽车业国际化竞争的系统分析中，本书取得了较为丰富的成果，主要研究工作及结论包括：

（1）对欧美、日韩等发达国家汽车业的国际化竞争历程给予了分析和总结，提出了发达国家汽车业国际化竞争的成功经验，主要是在坚持发展自主开发型模式以及完善独立完整的技术体系下主动融入世界汽车业市场。

（2）建立了我国汽车业国际化竞争力的评价指标与 AHP 分析模型，分析了国际化竞争力的各个构成要素并对其重要性进行了排序，为评价我国汽车业国际化竞争力提供了具有可操作性的量化方法，并且通过模型的应用说明了我国汽车业国际化竞争力不足的现状。

(3)分析了我国汽车业实施国际化竞争的内外部环境因素,为我国汽车业在国际化过程中依靠内部优势、克服外部劣势、利用外部机会以及回避外部威胁等策略的实施提供指导。

(4)在我国汽车业国际化竞争策略研究的进入模式方面,主要工作及结论包括:

提出了我国汽车业国际化竞争的进入模式,即先尝试通过出口和契约等模式进入海外市场,等获得了足够的多国经营经验与能力之后,再考虑实施并购模式;

借助Bertrand双寡头模型,得出了汽车业国际化竞争会导致产品价格以及利润降低、甚至会造成“价格战”等恶性竞争的结论,并给出了联合兼并和产品差异化等两种解决对策。并说明了我国国内企业的联合重组会陷入“囚徒困境“之中的情况,为此需要政府有效的奖惩措施等必要的监管来加以推动;

借助Cournot竞争模型,从理论上证明了,只为获得更多垄断势力而合并的企业可能会盈利,追求规模收益是汽车业合并的动机之一。从而说明了我国汽车业要进行国际化竞争,通过兼并收购方式可以减少自己的竞争对手而获得垄断势力,且同时扩大自己的生产经营规模必将成为企业的发展策略或一种发展趋势。

(5)在我国汽车业国际化竞争策略研究的具体竞争策略方面,主要工作及结论包括:提出了我国汽车业实施国际化竞争的一整套策略措施。在策略方针方面,重点提出了“立足国内、放眼全球”“绿地投资、国际并购”等策略;在具体策略方面,重点提出了“进入汽车业服务市场”“品牌自主”等措施建议;在策略转型方面,重点提出了“从订单拉动产品到市场拉动产品、产品拉动市场”“从关注国内同行业到关注国际同行业”等策略建议,为我国汽车业的国际化竞争提供决策依据。

(6)在我国汽车业国际化竞争策略研究的风险防范方面,主要工作及成果包括:

对各种汽车业国际化竞争风险进行识别,并对其成因进行了分析,为有效采取风险防范措施提供依据;

提出了防范汽车业国际化竞争风险的对策建议,包括:加强国际化战略环境的调查研究,建立风险防范与处理机构,以正确、积极的态度面对发生的风险,提高企业员工素质等,这为我国汽车业国际化竞争的风险防范提供了参考建议。

总体来看,本书形成以下结论:

第一,在全球经济一体化的情况下,基于发达国家汽车业国际化竞争的经验启示,从国际化战略的企业竞争角度来分析我国汽车业的发展策略问题。目前,有关国际化问题的研究多是建立在企业如何“走出去”这样的假设下进行的,而对于如何进行国际化竞争的研究则明显不足。本文针对目前我国汽车业已经进行的国际化竞争现实,对其国际化竞争的内外部环境进行较为系统的研究和剖析,进而给出相对应的策略举措,显然能为我国汽车业国际化竞争的研究提供一个全新的视角。

第二,定量化分析方法的运用。本文在对我国汽车业国际化竞争力评价中采用了AHP分析法;在对我国汽车业国际化竞争策略分析中,借助了Bertrand双寡头博弈模型,得出了汽车业国际化竞争的结果及其对策;在对我国汽车业兼并收购策略分析中,借助了Cournot竞争模型,从理论上证明了,只为获得更多垄断势力而合并的企业可能会盈利,且追求规模收益是汽车业合并的动机之一。这种定量化分析方法的运用能够使结果更严谨,使得研究更具有说服力。

第三,为企业国际化竞争的系统研究提供了基本的分析框架。本文基于汽车业的经济一体化环境,给出了我国汽车业国际化竞争中所存在的"跨国企业经验启示——我国汽车业现状问题——内外部环境——面临的机遇挑战——发展动因——发展策略——实例分析"这样的一条分析路线,并在策略举措中从"进入模式、竞争策略、风险控制"等三个核心方面给予了较具体的分析,这基本涉及了我国汽车业国际化竞争中的多数问题,提供出了一个较为全面的分析框架。

第四,在交通业参与国际化竞争的背景下,提出结合山东融入"一带一路"战略中的对策和推进思路,积极培育山东参与国际合作竞争的新优势,把山东打造成为区域性国际交通物流枢纽、"一带一路"经贸合作高地、国家海洋经济对外合作示范区、全国东中西部联动开放发展重要引擎。

本书尽管有其理论和现实意义,也在一定层面上进行了积极的创新尝试和纵深研究,但是由于受制于主观上的能力局限和客观上的条件约束,研究局限还是明显存在的。综合运输体系与区域经济之间形成了一个庞大而复杂的多维系统,随着交通运输系统和区域经济时空格局的动态演变,二者必将体现出新的发展特点和演变规律,需要进一步跟进研究和深入探索。

需要看到的是,在国际化战略中一个很现实的问题就是如何进行国际化竞争,因为国际化战略的核心就是全球化下的企业竞争。在全球经济一体化环境下,面对千变万化的国际市场,系统研究我国汽车业国际化竞争是具有一定挑战性的课题。我国汽车业要想大力实施"走出去"战略,走出国门、站稳脚跟,必然要在这方面加强探索和研究。因此,分析和研究与国际化战略密切相关的企业竞争问题具有一定的理论指导和现实借鉴意义,特别是能为正在国际化竞争中的我国汽车业提供相应的理论指导,以促进我国汽车业国际化战略的顺利实施。

纵观近年来交通业与区域经济领域及国际化进程取得的研究成果,在国际化战略中一个很现实的问题就是如何进行国际化竞争,因为国际化战略的核心就是全球化下的企业和地区竞争。在全球经济一体化环境下,面对千变万化的国际市场,系统研究我国汽车业国际化竞争是具有一定挑战性的课题。

因此,分析和研究与国际化战略密切相关的竞争策略问题具有一定的理论指导和现实借鉴意义,特别是能为正在国际化竞争中的我国汽车业提供相应的理论指导,以促进我国汽车业国际化战略的顺利实施。在“一带一路”战略和交通业国际化的背景下,进一步深入研究山东融入“一带一路”战略中的对策和推进思路,创建一定的理论模型,研究积极培育山东参与国际合作竞争的新优势,把山东打造成为区域性国际交通物流枢纽、“一带一路”经贸合作高地、国家海洋经济对外合作示范区、全国东中西部联动开放发展重要引擎进行持续探索。

9.2 研究不足及展望

在前面各章理论和借鉴分析的基础上,文章提出了我国汽车业国际化竞争的策略举措,由于涉及的问题较多,后续还有很多内容可以研究。加之,近年来我国汽车业的国际化战略是一个日益受到关注的热点问题,随着世界经济和汽车业工业的发展也将会再出现新的研究问题,本文只是做了初步的研究,还有许多问题需要进一步的探讨。

(1)本书主要是对我国汽车业进行的一般性研究,但不同企业之间差异较大,所提出的实施国际化竞争的具体操作模式、方法、策略还需进一步深入研究。

(2)我国汽车业国际化竞争力的评价方法和指标体系还需要进一步完善,一些问题还需要推敲,如评价指标体系能不能真实反映各个企业的国际化竞争力实际情况、评价体系能否与国际接轨以实现国内外企业的现实比较等。

(3)采用定量化研究工具特别是博弈论方法的分析还不足。不可否认,在竞争分析中,博弈论已越来越具有其强大的分析和解释能力,且普遍被用于各个方面的竞争研究。本文在我国汽车业国际化竞争策略中所建立的 Bertrand 双寡头模型及 Cournot 竞争模型比较简单,对于模型的动态性问题、信息不对称问题等还缺少研究。

另外,由于汽车业国际化竞争涉及面广、实践性强,且不同的地区和企业带有不同的现实情况,因此,未来相关的个案研究也将会越来越多,山东省等区域省份如何融入“一带一路”战略仍有较大的研究空间。

参 考 文 献

[1] 张磊. 中国企业国际化发展战略研究[D]. 厦门大学, 2006.

[2] 梁荣亮,过学迅. 全球化背景下我国自主品牌汽车国际化发展探究[J]. 北京汽车, 2008, (3): 11-13.

[3] 张磊. 经济全球化背景下的自主创新战略[J]. 特区经济, 2006,(10):8-9.

[4] 史菲菲. 我国大学出版社国际化发展现状及对策研究[D]. 重庆大学, 2008.

[5] Lan, P. Technology Transfer to China through Foreign Direct Investment[J]. Regional, 1997,31: 669-679.

[6] 宏观经济研究院[EB/OL], http://www.amr.gov.cn/fxbgshow.asp? articleid = 412&cataid = 19.

[7] 毕吉耀,张一,张哲人. "十二五"时期世界经济主要发展趋势[J]. 中国经贸导刊, 2009,(9):23-24.

[8] 毕吉耀,张一,张哲人. "十二五"时期世界经济发展趋势及其给我国带来的机遇和挑战[J]. 宏观经济研究, 2010,(2):9-12.

[9] 王维工,浦再明. 加速长江三角洲经济一体化发展的战略构想[N]. 解放日报, 2003-01-20.

[10] McKiernan, P. Strategy of Growth: Maturity, Recovery and Internationalization, Routledge, London[C]. working paper,2007.

[11] 李春顶. 边际产业扩张理论及对我国中小企业跨国经营的启示[J]. 中国西部科技, 2004,(7): 8-9.

[12] Raymond,V. International Investment and International Trade in the product Life Cyele[J]. Quarterly Journal of Economics, 1966,80: 190-207.

[13] 黄天华. WTO与中国关税[M]. 上海:复旦大学出版社, 2002.

[14] 秦岚. 从跨国公司行为的角度探讨我国承接国际产业转移问题[D]. 广西大学, 2006.

[15] 李宝峰. 中国企业国际化的战略分析[J]. 商业现代化, 2003,534(3): 35-37.

[16] 樊增强,宋雅楠. 企业国际化动因理论述评[J]. 当代经济研究, 2005,(9):

18-22.

[17] Munde, R. The Location of Economic Activity. in J. H. Dunning(ed.). Economic Ana isand the atonal Enterprise [M]. London: Allen & Unwin, 1974.

[18] 陈金亮. 汽车国际化战略[J]. 新经济导刊, 2006,15: 90-94.

[19] 闫向军. 中国汽车国际化经营探讨[J]. 天津汽车, 2006,(5):1-2.

[20] 程远. 汽车自主品牌出局将是中国产业的"国难"[EB/OL],[2011-8-13]http://auto.ifeng.com/news/domesticindustry/20110813/655720.shtml.

[21] 许晖. 加速国际化:拓展国际市场战略[M]. 天津:天津大学出版社,2003.

[22] 程远. 自主创新不等于自主品牌[J]. 轻型汽车技术, 2007,(3):43-44.

[23] 孙晓强,苏勇. 中国企业品牌国际化的路径选择[J]. 经济管理, 2007,29(1):6-10.

[24] 张楠,王淋. 用自主品牌打造汽车行业的强势地位[J]. 汽车工业研究, 2007,(9):8-10.

[25] 鲁桐. 中国企业跨国经营战略[M]. 北京:经济管理出版社, 2003.

[26] Hymer. H. The Intenational Operations of National Firms-A Study of Direct Foreign Investment[M]. Mass:MIT Press, 1976.

[27] Kindleberger, Charles P. American Business Abroad[M]. New Haven: Yale University Press, 1969.

[28] Buckley, Peter J., and Mark Casson. The Future of the Multinational Enterprise [M]. New York Holmes and Meiers, 1976.

[29] Caves R. E. International CorPorations: the Industrial Eeonomies of Foreign Investment[J]. Eeo'omiea, 1971,38:1-27.

[30] C P Kindleberger. American Business Abroad[M]. New Haven: Yale University Press, 1969.

[31] Vernon Wortzel. H. Wortzel, L. H. Strategic Management in the Global Economy. John Wiley&Sons,Inc.,USA, 1997.

[32] Kojima. K. On the Factor-price Frontier in the pure of lnternational Trade[J]. Hitotsubashi Jounal of Economics, 1978,18(2): 62-75.

[33] Johanson J Vahlne J E. The internationalization process of the firm: a model of knowledge development and increasing foreign market commitments[J]. Journal of International Business Studies,1977,8(1):23-22.

[34] Johanson. J., Wiedersheim-Paul, F. The internationalization of the firm: four Swedish case studies[J]. Journal of Management Studies, 1975,(10):305-322.

[35] 海闻. 国际贸易[M]. 上海:上海人民出版社, 2003.
[36] 大卫·李嘉图(作者), 郭大力(译). 政治经济学及赋税原理[J]. 南京:译林出版社, 2011.
[37] 李晓燕. 国际贸易理论与实务[M]. 北京:清华大学出版社, 2010.
[38] 吴先明. 国际贸易理论与国际直接投资理论的融合发展趋势[J]. 经济学动态, 1999,(6):33-36.
[39] 黄河. 论国际贸易理论与国际直接投资理论在比较优势下的融合[J]. 国际经贸探索, 2002, (2):34-36.
[40] Vernon. R. International investment and international trade in the product cycle [J]. Quarterly Journal of Economics, 1966,(5):190-207.
[41] McKiernan. P. Strategies of growth: maturity, recovery and Internationalization [R]. Routledge. London, 1992.
[42] 沈伯明,河源贵,聂聆,郜晓惠. “入世”与中国国际直接投资战略[M]. 广州:中山大学出版社, 2004.
[43] Hymer. S. H. The International Operations of National Firms: A Study of Direct Foreign Investment[M]. Cambridge: MIT Press, 1960.
[44] Forsgren, M. Development of MNC centres of excellence[M]. London: Macmillan Press, 2000.
[45] Paul R. Krugman. Rethinking International Trade[M]. The MIT Press, 1990.
[46] 王志乐. 走向世界的中国跨国公司[M]. 北京:中国商业出版社, 2004.
[47] Johanson. J., Wiedersheim-Paul, F. The internationalization of the firm: four Swedish case studies[J]. Journal of Management Studies, 1975,(10):305-322.
[48] Penrose,. E. The Theory of the Growth of the Firm[M]. London: Basil Blackwell,1959.
[49] Johanson. J., Vahlne, J. E. The Mechanism of Internationalization[J]. International Marketing Review, 1990, 7(4):11-24.
[50] Hooley, G., Loveridge, R., Wilson, D. Internationalization: procees, context and markets [M]. St. Martin's Press, Inc., New York, 1998:9.
[51] Welch, S., Luostarinen. R. Internationalization: Evolution of the Concept[J]. Journal of General Management, 1988,14(2):34-55.
[52] Kojima, Kiyoshi. Direct Foreign Investment[M]. New York: Praeger, 1978.
[53] Bodur. M. A study in the nature and intensity of problems experienced byTurkish exporting firms in Cavusgil Advances in International Marketing[M]. Greenwich,

Jai Press Inc,1986.

[54] Vernon Wortzel. H. Wortzel, L. H. Strategic Management in the Global Economy [R]. John Wiley & Sons, Inc. , USA, 1997.

[55] Hedlund, G. , Aman, P. Managing Relationships with Foreign Subsidiaries[M]. Vastervik: Sveriges Mekan Forbund. 1984.

[56] Buckley, P. J. , Ghauri, P. N. The internationalization of the firm[M]. International Thomson Business Press, 1993.

[57] Kojima. K. On the Factor-price Frontier in the pure of lnternational Trade[J]. Hitotsubashi Jounal of Economics, 1978, 18(2): 62-75.

[58] 吴文武. 跨国公司新论[M]. 北京: 北京大学出版社, 2000.

[59] Buckley, P. J. , Casson, M. The Future of the Multinational Enterprise[M]. London: Macmillan, 1976.

[60] Dunning, J. H. International Production and the Multinational Enterprise[M]. London: George Allen&Unwin, 1981.

[61] John H. Dunning and Rajneech Narula. The investment development path revisited some emerging issues, from foereign direct investment and governments, ed by John Dunning and Rajneech Narula, 1996: 2-38.

[62] 鲁桐. 中国企业跨国经营战略[M]. 北京: 经济管理出版社, 2003.

[63] 沈伯明. “入世”与中国国际直接投资战略[M]. 广州: 中山大学出版社, 2004.

[64] 卢进勇, 杜奇华. 国际经济合作[M]. 北京: 对外经济贸易大学出版社, 2000.

[65] 小岛清. 对外贸易论[M]. 天津: 南开大学出版社, 1987.

[66] 张磊. 中国企业国际化发展战略研究[D]. 厦门大学, 2006.

[67] 刘佐太. 市场竞争论[M]. 北京:经济管理出版社, 2002.

[68] 彭绍仲. 企业竞争论[M]. 北京:企业管理出版社, 1998.

[69] 于建原. 市场竞争的战略与方法[M]. 成都:西南财经大学出版社, 2002.

[70] 杨锡怀. 企业战略管理[M]. 2 版. 北京:高等教育出版社, 2004.

[71] 周湘峰, 郭艳. 基于供应链管理的企业竞争战略[J]. 中国市场, 2009, (15): 34-36.

[72] 李群, 马敏象, 安华轩. 信息技术与企业竞争优势[J]. 情报科学, 2002, 20(5): 51-53.

[73] 林晓. 基于生态位理论的企业竞争战略分析[J]. 南京林业大学学报(人文社

会科学版），2003,3(3):22-24.
[74] 周亚庆. 关于忠诚细分的企业竞争战略研究[J]. 企业经济，2007,(2):58-59.
[75] 陈英梅,李春燕. 企业战略与组织结构的有效结合[J]. 经济师，2004,(12):62-64.
[76] 石盛林,贾创雄. 战略管理实践、理论与方法:以企业生命周期为主线[M]. 南京:东南大学出版社，2009.
[77] 祁顺生. 归核化战略[M]. 上海:复旦大学出版社，2002.
[78] 金碚. 企业竞争力测量的理论与方法[J]. 中国工业经济，2003,(3):42-45.
[79] 金碚. 竞争力经济学[M]. 广州:广东经济出版社，2003.
[80] 刘志林,胡国松,张红兵. 论企业形象与企业竞争力[J]. 商业研究，2003,(8):21-24.
[81] 甘翠峰. 知识管理和文化管理:企业竞争力的塑造分析[J]. 北京工商大学学报(社会科学版)，2003,(6):59-61.
[82] 魏杰. 提高企业竞争力的制度安排[J]. 决策咨询，2004,(6):45-47.
[83] 张守凤. 模糊模式识别在企业竞争力评价中的应用[J]. 武汉理工大学学报，2003,(3): 37-39.
[84] 李卫东. 企业竞争力评价理论与方法研究[M]. 北京:中国市场出版社出版，2009.
[85] 陈金波. 当前中国汽车工业的发展模式问题分析[J]. 华东经济研究，2007,21(8): 59-63.
[86] 胡爱民. 自主品牌汽车的前景描述[J]. 汽车工业研究，2007,(8):17-19.
[87] 胡爱民. 轿车自主品牌问题研究[J]. 汽车工业研究，2006,(7):2-5.
[88] 马钧,范明瑛. 自主品牌面临的挑战和发展对策[J]. 汽车与配件，2006, 25:14-15.
[89] 王玮楠. 自主品牌尚需厉兵秣马再拼十年[J]. 世界汽车，2007,(1):8-9.
[90] 徐钟. 自主品牌能否修成正果[J]. 轻型汽车技术，2007,(4): 47-45.
[91] 王乐. 自主品牌冲击高级车市能否成功尚有待时日[J]. 轻型汽车技术，2007,(4):50-51.
[92] 黄哲睿. 全球背景下的自主之路——中国自主品牌汽车出口与企业国际化分析[J]. 汽车与配件，2006, 24(6):3 8-41.
[93] John C. Humphrey. 再谈中国自主汽车品牌出口[J]. 汽车与配件，2006, 2(1): 20-20.

[94] John C. Humphrey. 对中国自主品牌制造商憧憬向欧盟和美国出口问题的建议[J]. 汽车与配件, 2006,15 (4):16-17.
[95] 刘单丹. 中国民营汽车业的国际化战略模式研究[D]. 西南交通大学, 2007.
[96] 李惠玲. 我国自主品牌汽车国际化营销研究[D]. 长安大学, 2008.
[97] 田伟. 论中国汽车产业的国际化经营[D]. 广西大学, 2006.
[98] 汲剑磊,江劲骏. 把脉中国汽车市场[J]. 商业文化, 2004,(5): 19-22.
[99] 周晓艳. 先锋福特 4S 站 CRM 研究[D]. 西南石油学院, 2005.
[100] 陈秋. 江铃汽车海外市场战略研究[D]. 南昌大学, 2009.
[101] 刘学文. 从"中国制造"向"中国品牌"的跨越——写在＊＊汽车 200 万辆下线之际[J]. 交通世界, 2011,(1):18-20.
[102] 万国华. 东风汽车公司乘用车业务单元国际化战略初探[D]. 广西大学, 2008.
[103] 张小梅,张骅. 从中国制造向中国品牌跨越[N]. 中国企业报, 2011-01-07.
[104] 许今. 中国重汽国际贸易整分合战略研究[D]. 山东大学, 2009.
[105] 刘伟. 昌河汽车国际化战略的选择及实施策略[D]. 合肥工业大学, 2007.
[106] 涂莉梅. 我国汽车产业的战略联盟发展对策研究[D]. 哈尔滨理工大学, 2008.
[107] 郑兴,张红. 2011 年国际政治经济形势展望[N]. 人民日报(海外版), 2011-1-04.
[108] 曾才豪. 吉利 2011 年战略目标确定[N]. 中国工业报, 2011-1-14.
[109] 鲍成胜. 东北亚中药国际经济技术合作前景及策略研究[D]. 长春中医药大学, 2008.
[110] 易怀胜. 乘用车自主品牌战略研究[D]. 武汉理工大学, 2007.
[111] 戴静. 中国汽车零部件工业企业国际化成长的动因及模式研究[D]. 中南大学, 2007.
[112] ＊＊探索由中国制造转向中国创造之路的思考[EB/OL] http://auto. sina. com. cn/news/2010-04-22/1737593176. shtml.
[113] 郭文强. 我国轿车工业跨越式发展模式研究[D]. 吉林大学, 2008.
[114] 李果仁. 韩国汽车工业成功经验之借鉴[J]. 北京汽车, 2010,(2): 25-27.
[115] 甘旭峰,吴向鹏. 国际临港产业发展趋势研究[J]. 港口经济, 2009,(5): 20-23.
[116] 美国汽车发展战略过渡[EB/OL], (2009-2-2) http://finance. ckxx. org. cn/international/international.

[117] 贾跃飞. 对汽车营销渠道模式的研讨[D]. 对外经济贸易大学, 2006.
[118] 王新生,孙强,刘佳. 我国汽车自主品牌的国际化研究[J]. 经济问题探索, 2008,(3):19-22.
[119] 金保均,王晴. 韩国汽车产业成功之路及给中国的启示[J]. 产业与科技论坛, 2008,(11):25-27.
[120] 程振彪. 中国汽车产业高速发展下的隐忧[J]. 汽车工业研究, 2010,(6):15-17.
[121] 陈春华. 经济全球化条件下我国汽车核心竞争力研究[D]. 湖南大学, 2007.
[122] 安琪. 中国汽车国际化经营策略[J]. 当代经理人 2009,(11):21-22.
[123] 鲁谋,李骏. 在挑战中奋进——上汽发展启示录[J]. 上海经济, 2007,(4):61-65.
[124] 陈漓高. 汽车业跨国公司在我国的扩张与我国发展汽车自主技术的对策[D]. 武汉理工大学, 2007.
[125] 韩民春. 跨国汽车公司对我国轿车行业市场结构的影响[D]. 武汉理工大学, 2008.
[126] 中国汽车技术研究中心. 汽车工业年鉴[M]. 北京:中国统计出版社, 2009.
[127] 国家统计局等编. 中国科技统计年鉴[M]. 北京:中国统计出版社, 2002.
[128] 郑垂勇. 科技统计与科技发展战略[M]. 南京:河海大学出版社, 1992.
[129] 侯定王. 管理科学定量分析引论[M]. 合肥:中国科技大学出版社, 1993.
[130] 谢可新等. 最优化方法[M]. 天津:天津大学出版社, 1997.
[131] 张赤东. 浅议 R&D 与经济增长, 商场现代化, 2006,(6):285-286.
[132] MartinoJ. P. Research on Development Project Selection[R]. NewYork, 1995.
[133] 李延立. 浅议我国汽车市场发展趋势及对策[J]. 哈尔滨职业技术学院学报,2006,(7):15-17.
[134] 刘单丹. 中国民营汽车业的国际化战略模式研究[D]. 西南交通大学, 2007.
[135] 吕万明. 试论市场营销风险及控制[J]. 乡镇经济, 2003,(3):30-32.
[136] 谢立仁,马彬. 论市场营销风险及控制[J]. 西安邮电学院学报, 2008,(11):10-12.
[137] 梁红波. 企业市场营销风险管理[J]. 当代经济, 2007,(6):30-32.
[138] 浅析市场营销风险及控制[EB/OL], http://bbs. dichan. com/tie-604027. ht-

ml.
[139] 陈家彬. 论市场营销风险及控制[J]. 中共浙江省委党校学报, 2002,(6): 25-27.
[140] 胡颖. 市场需求变异风险研究[D]. 武汉理工大学, 2004.
[141] 卢珺. 瑞澜公司营销风险类型及规避策略研究[D]. 对外经济贸易大学, 2006.
[142] 刘锦怡. 浅析航空市场营销风险及控制[J]. 空运商务, 2008,(4):15-16.
[143] 张娜. IT产品营销中的风险识别与控制[D]. 北京邮电大学, 2008.
[144] 李莹. 北京网通视频会议平台市场推广项目的实施研究[D]. 北京邮电大学, 2009.
[145] 许晖. 外向型企业开拓国际市场的风险识别与防范:以天津企业为例[J]. 国际贸易, 2007,(8):20-22.
[146] 孟雪,高青,司静波. 营销风险纳入项目管理轨道研究[J]. 黑龙江科技信息, 2009,(10): 23-24.
[147] 王龙. 中国汽车产业国际竞争力研究[D]. 武汉理工大学, 2006.
[148] 谢运朝. 中国汽车零部件出口竞争力分析[D]. 复旦大学, 2010.
[149] 王军雷. 国际金融危机下的中国汽车出口.[J]. 汽车与配件, 2008,50: 20-22.
[150] 胡亚会,苏红. 我国汽车国际化现状分析[J]. 商场现代化, 2006,(3): 27-28.
[151] 李宝峰. 中国企业国际化战略分析[J]. 商场现代化, 2003,(5):38-39.
[152] 王建国. 从东风的实践看中国汽车的国际化战略[J]. 汽车科技, 2006,(11):11-12.
[153] 绍一明,蔡启明. 企业战略管理[M]. 上海:立信会计出版社, 2005.
[154] 樊增强,宋雅楠. 企业国际化动因理论述评[J]. 当代经济研究, 2005,(9): 18-22.
[155] Jorge Rodriguez. The Internationalisation of the Small and Medium-sized Firm [J]. Prometheus, 2007,25(3):33-35.
[156] 肖文,陈益君. 企业国际化的影响因素[J]. 中南大学学报(社会科学版), 2008,(2):18-20.
[157] Johanson J Vahlne J E. The internationalization process of the firm: a model of knowledge development and increasing foreign market commitments[J]. Journal of International Business Studies,1977,8(1):23-22.

[158] Autio E. Creative tension: the significance of Ben Oviatatt's and Patricia MacDougall's article "toward a theory of international new ventures"[J]. Journal of International Business Studies,2005,(36):9-14.

[159] 任绍敏,胡茂元. 上汽站在巨人肩上[J]. 时代汽车, 2008,(10):22-24.

[160] SouderW. E. System of Using R&D Porject Evaluation Methdos[J]. Reseacrh Mnagaemen, 1978, 21:29-37.

[161] Dnaila. N. Srtategies Technologiques Mehtodsd Evaluation etde seleetion des Porjecst Reeheerh. DIM Palisation NCBSE, 1983.

[162] J ksonB. Deeision Methods of Evaiustion R&D Porjeest[J]. Reseacrh Mnagaement, 1983,(6):16-22.

[163] Sehumnna J r. Paul A, Rnasley Deerk L. Measuring R&D permance[J]. Research Technology Management. 1995,38(3):45-54.

[164] MillerR.. Applying Quality Practiees on R&D[J]. Research Technology Management, 1995. Vol. 38. IssueZ. P47-54.

[165] EllisL. W., Curtis C. C. Measenge Customer Satisafetion[J]. Research Technology Management, 1995,38:45-48.

[166] 崔雪松. 跨国公司 R&D 国际化趋势及对我国的启示[J]. 理论界, 2005,(3):57-58.

[167] 李艳,房向明. 跨国公司 R&D 特点研究[J]. 北京理工大学学报(社会科学版), 2001,(1) :68-70.

[168] [法]泰勒尔. 产业组织理论[M]. 北京:中国人民大学出版社, 1997.

[169] 冼国明,葛顺奇. 跨国公司 R&D 国际化战略[J]. 世界经济, 2000,(12):27-31.

[170] 刘宏. 跨国公司 R&D 国际化战略的实证研究[J]. 经济经纬, 2002,(3):16-20.

[171] 薛澜. 研究与开发的全球化:中国的案例, 天则经济研究所网站, 2000-09-26.

[172] 赵昌平等. 跨国公司 R&D 国际化的动因研究[J]. 技术经济与管理研究, 2001,(4):84-85.

[173] 郭利平. 跨国公司 R&D 的全球化动力机制和中国的战略对策[J]. 财贸研究, 2005,(5):24-26.

[174] 周静,陈湛匀. 对跨国公司 R&D 分散化影响因素的分析[J]. 经济与管理, 2005,(3):35-37.

[175] 虞敏. 跨国公司 R&D 全球分散模式选择的分析[J]. 科研管理, 2001(3): 138-143.

[176] 陈劲,童亮. R&D 国际化的组织及管理[J]. 研究与发展管理, 2003,(3):1-7.

[177] 刘德学. 跨国公司 R&D 国际化模式与组织协调[J]. 科学学与科学技术管理, 2005,(3):10-13.

[178] 祝影,杜德斌. 跨国公司研发全球化的空间组织研究[J]. 经济地理, 2005,(5):620-623.

[179] 龚健等. 企业海外 R&D 战略联盟的进化博弈分析[J]. 管理科学, 2004,(3):25-29.

[180] 周学勤. 跨国公司与中国企业研发竞争动态博弈[J]. 中国流通经济, 2005,(10):21-24.

[181] 王米娜,郑其兵. 企业 R&D 国际化进程中的组织学习[J]. 科技创业, 2005,(4):102-103.

[182] Wemer B. M. Souder W. E. Measuring R&D Performance State of the Art[J]. Research Technology Management. 1997,40(2):34-42.

[183] TIPPing J. W. Zerffen E. Assessing the Value of your Technology[J]. Researeh Technology Mnaagemet, 1995,38:22-39.

[184] Borissio ku len. a Pelijnaos Realoption Approach to R&D Porject Valuation:Can Study at Seorno[J]. S. A, 2001,8(4):67-71.

[185] 李相镐. 模糊聚类分析及其应用[M]. 贵阳:贵州科技出版社, 1994.

[186] 郑垂勇. 项目分析技术经济学[M]. 南京:河海大学出版社, 1994.

[187] 侯汉平,王烷尘. R&D 知识溢出效应模型分析[J]. 系统工程理论与实践, 2001,(9): 29-33.

[188] 徐哗,陶长琪. 高技术企业技术溢出与研发的机理研究[J]. 科技管理研究, 2005,(6): 54-57.

[189] 骆品亮,向盛斌. R&D 的外部性及其内部化机制研究[J]. 科研管理, 200,1(5): 56-63.

[190] 司春林,段秉乾,钱桂生. 供应链上下游企业合作研发模型选择-宝钢-大众激拼焊项目案例分析[J]. 研究与发展管理. 2005,(2):77-83.

[191] Kuemmerie W. Building Eeffctive R&D Cpabailtiies Aborad[J]. Hvarard Business view, l997,(5):61-70.

[192] Ver PsgaenB. Sehoemnkaesr W.. The Spatial Dimensino of owledge Spillovers

Euorpe: Evide neeorfm Fimr Pateniing Data[C]. MET Worklng Paper, 2008: 20-16.

[193] Chnadler A. D. Hagstrom P. and Solvello. eds. The Dnymaic Fimr: The Orle of Technology, Srtategy, Orgnaization[M]. Nad Regions. oxoful Universiy press. oxofrd. 1999:45-59.

[194] Bersehis. The Geography of lnnovation: A Cross Seetor Analysis[J]. Regional studies, 2009, 34:13-229.

[195] Cantwell J. A. The Globalisation of Technology: What Remains of the Product Cye Model[J]. Cmabridge Journal of Eeonomies. 1995,19:155-174.

[196] Keller W. Geograghical Localization of Innomational Technology Diuffsion[J]. Amerien Economic Review, 2002,92:120-143.

[197] 加里·阿姆斯特朗,菲利普·科特勒,俞利军译. 市场营销教程[M]. 6 版. 北京: 华夏出版社, 2004.

[198] 郭国庆. 市场营销学[M]. 武汉: 武汉大学出版社, 2001.

[199] 吴建安. 市场营销学[M]. 合肥:安徽人民出版社, 2009.

[200] 杨锡怀. 企业战略管理[M]. 北京:高等教育出版社, 1999.

[201] 张圣亮. 市场营销原理与实务[M]. 合肥: 中国科学技术大学出版社, 2003.

[202] **汽车公司十二五战略规划[EB/OL], http://www.jac.com.cn, 2011.

[203] 中国科技部编. 中国科学技术指标统计方法[M]. 北京:科学技术文献出版社, 2003.

[204] 山东融入"一带一路"建设的基本思路与对策　山东社会科学院国际经济研究所所长 李广杰.

[205] 龚雯,田俊荣,王珂. 新丝路:通向共同繁荣[N]. 人民日报,2014-06 — 30(01).

[206] 冯巍,程国强. 国际社会对"一带一路"倡议的评价[N]. 中国经济时报, 2014-7-14(05).

[207] 盛 毅,余海燕,岳朝敏. 关于"一带一路"战略内涵、特性及战略重点综述[J]. 经济体制改革,2015(01):24-29.

[208] 申现杰,肖金成. 国际区域经济合作新形势与我国"一带一路"合作战略[J]. 宏观经济研究,2014(11):30-38.

[209] 张茉楠,全面提升"一带一路"战略发展水平[J]. 宏观经济管理,2015(02): 20-24.

[210] 袁新涛. "一带一路"建设的国家战略分析[J]. 理论月刊,2014(11):5-9.

[211] 徐习军. 国家"一带一路"战略:亚欧大陆桥物流业的机遇与挑战[J]. 开发研究,2015(01):65-68.

[212] 安宇宏. "一带一路"战略[J]. 宏观经济管理,2015(01):82.

[213] 毛艳华. "一带一路"对全球经济治理的价值与贡献[J]. 人民论坛,2015(09):31-32.

[214] 毕吉耀,张一,张哲人. "十二五"时期世界经济发展趋势及其给我国带来的机遇和挑战[J]. 宏观经济研究, 2010,(2):9-12.

后　　记

在此科研项目研究交错进行、艰难探索的日子里，感谢各级领导、师长和同事的大力帮助和指点，特别需要感谢山东交通学院经济与管理学院赵中利教授、来逢波教授、马小南教授、王长峰教授等各位专家的指导和帮助。诸位领导、前辈一直关心我的学习、生活和工作，并在该研究的研究思路等方面提供了很大帮助，他们的热情指导和提出的宝贵建议使我少走了许多弯路，引导我在个人的研究方向上拓展出了巨大的科研空间，使自己逐步通晓了本领域的治学思路和研究方法，感谢他们对我的辛勤指导和不计名利的培育。

三年来，课题研究与科研项目写作交错进行、相得益彰，个人科研能力与科研素养也在艰苦的探索与反复的求证实践中得以不断成长和进步。在由相关研究成果修改完善而成的书稿即将付梓之际，谨向给予我无私帮助和默默支持的老师、领导、同事、朋友及家人们，表示最真挚的谢意和崇高的敬意。

感谢山东交通学院的各位领导和同事，特别是山东交通学院赵中利教授、来逢波教授，他们为我的科研项目的研究提供了诸多帮助，能有较为充足的时间和精力投入到研究阶段的学习及后续研究中。诸位领导和同事对我的提携、帮助和支持，我将永远铭记在心，在此深表谢意，不再一一列举，以后我会用更加努力的态度、更加积极的工作来回报各位领导和同事们的关心支持。

特别感谢中国人民交通出版社股份有限公司的夏韡编辑，为本书的最后定稿付出了巨大的劳动。此外，河海大学郑垂勇教授、赵敏教授、史安娜教授，中国科学技术大学管理学院张圣亮教授、唐述毅副教授，合肥工业大学傅为忠教授、李德明教授，山东交通学院孙烨教授、李秀菊副教授，中原工学院任方旭副教授，河南工业大学管理学院段涛副教授，河南职业技术学院任方军副教授都为本研究项目的开题论证、写作与修改、完善和提升提供了中肯而有益的指导意见。山东交通学院的赵品华副教授、杨京波博士、赵秀芳副教授、刘进博士、孙龙博士等多次参与课题研究论证，协助进行了资料调研和梳理分析，参与了课题研究报告的撰写和修改，为研究项目的顺利完成提供了无私的帮助，为研究的顺利推进提供了便利和支持，在此一并表示深深的感谢！

相关研究参考借鉴了众多前人的研究成果，他们的学术贡献和研究成果为项目研究奠定了研究理论和研究方法的基础，在这里对于已经在书中列出和未能一一列出的国内外专家学者，一并表示诚挚的谢意。同时真诚欢迎各位专家学者再次提出宝贵的建议。

把衷心的谢意送给我的家人，让我在疲惫和倦怠之时感受到家庭的温馨和快乐。年迈的父母多年来任劳任怨的付出和无怨无悔的支持，也时刻激励着我在感恩中前行。最后，向所有对我的学习、工作和生活关心和帮助的每一位师长、同学和朋友们表示我最诚挚的谢意。

在此期间，很多单位无私帮助，使我获得了很多汽车业的各类数据，还有许多老师和同学，均给予了殷切的关怀和帮助，时刻督促和激励我自己不断进取，在此表达衷心的感谢。

回首几年艰辛的科研学习工作历程，收获颇多，师恩似海，友情如水，亲情无疆。感谢和感激之情难以言表，谨以偶得，形成文字，以表谢意。本研究的完成、知识的增进，无不凝聚着各位领导同仁的心血，您们严谨求实的治学精神、深厚的学术造诣、灵活宽广的思路和豁达的为人，使我受益匪浅。在本书的形成过程中，您们对研究思路、本文框架设计、研究方法的选用，乃至文字的具体表述等，都给予了许多指导性建议；您们的治学与为人，是我受益之源泉。您们的关心与教诲，我将铭记于心，奉效于行。

此外，还有许多人以不同的方式对我给予了巨大的精神鼓励和物质支持，并真诚地为我的进步而由衷地高兴，因不能一一提及他们的姓名，在此一并向他们表示衷心感谢。

由于作者水平所限，书中肯定存在诸多错误和不足之处，祈盼学术前辈及同仁不吝指正！

陈积志

2016 年 9 月　山东济南 · 长清湖